Ansitz-Gedanken

Zum Glück gibt es viele Dinge im Leben
die man mit Zahlen und Geld
nicht bewerten kann.
Die Erinnerungen an glückliche Stunden
sind sowohl Balsam für die Seele,
als auch das Kapital,
das uns keiner nehmen kann.

S.D. Alexander Fürst von Isenburg vor seinem Schloss in Birstein

Verehrte Leser,

was gibt es Schöneres, als Passion zu teilen. Die von Herrn Langlotz leidenschaftlich vorgetragenen Geschichten, die überwiegend in einem Wald meines Hauses spielen, lassen Erinnerungen an meine Kindheit, an Orte und handelnde Personen mit den wärmsten Gedanken erwachen.

Ich wünsche Ihnen, verehrte Leser, dass durch die trefflich vorgetragenen jagdlichen Erinnerungen von Herrn Langlotz auch bei Ihnen eigene Erinnerungen und Erlebnisse wach werden: Sei es an die Jagd, die Orte, die genannten Personen oder an den charmanten Autor dieses Buches, der dem Fürstlichen Hause Isenburg in Freundschaft verbunden ist.

Die eingestreute Mundart muss in der heutigen Zeit geradezu verzaubern, ist sie doch in unserer Gegend leider weitestgehend ausgestorben.

Ich wünsche Ihnen beim Lesen viel Vergnügen und hoffe, dass all Ihre Sinne angesprochen werden.

Herzlichst

Alexander Fürst von Isenburg

Zum Geleit

Mein langjähriger Freund und einstiger Kollege Karl-Heinz Stier hat mir einmal gesagt: „Du hast die Gabe, auch an ernsten und nachdenklichen Situationen noch etwas Spaßiges zu entdecken." In diesem Sinne habe ich auch dieses Buch verfasst und meine Erinnerungen einfach so wie sie mir bei den vielen Ansitzen draußen im Wald eingefallen sind erzählt. Eine besondere Reihenfolge habe ich dabei nicht beachtet. Unterhaltend soll es sein, und vor allem soll meinen Nachkommen und den späteren Generationen erhalten bleiben, wie es dereinst zugegangen ist bei der Jägerei und den Jägern. Dass dabei auch Randerlebnisse mit eingeflossen sind war unvermeidlich und gibt bisweilen Anlass zum Nachdenken.

Schnepfenstrich

Alle Jahre wieder, wenn der Winter sich seinem Ende zuneigte und der Frühling schon zu wittern war, wurden die Jäger seinerzeit nervös. Am Jägerstammtisch hatte ich schon viel vom faszinierenden Vogel mit dem langen Gesicht gehört.

Alte Hasen trugen die berühmten Malerfedern am Hut und es gab damals auch einen sogenannten Schnepfen-Heller. Kunstvoll waren die Malerfedern mit dem kleinen Federkiel nach innen und die Federspitzen nach außen zu einem Kreis aufgesteckt, sodass es ausschaute wie eine kleine Medaille. In der Mitte klebte der sogenannte Schnepfen-Bart, ein winzig kleines pinselähnliches Federchen, das die Waldschnepfe am Steiß trägt.

Ich erinnere mich noch gerne an die Zeit, als die Schnepfen-Jagd, der „Strich" eine große Faszination auf die wirklich echten Jäger ausübte. „Die graue Bachstelze ist da!" verkündete einer am Jägerstammtisch, und alle wussten, jetzt ist auch die Schnepfe wieder in unseren Wäldern eingekehrt und darf für wenige Tage bejagt werden.

Mein Lehrprinz Bernhard, ein wahrhaft väterlicher Freund, nahm mich mit zu meinem ersten abendlichen Schnepfenstrich. Inmitten einer Fichtenschonung mit ca. einen Meter hohen Fichtchen unweit vom hohen Buchenwald stellten wir uns an und harrten der Dinge, die da kommen sollten. Es war die Stunde, die Hermann Löns mit der Uhlenflucht beschrieben hat, nämlich die Stunde zwischen Tag und Nacht. Langsam, von Minute zu Minute verschwand das Tageslicht und gab den Himmel für die Nacht frei. Im Südwesten erstrahlte immer stärker werdend ein Stern – der Schnepfenstern ! - Die bleiche Mondsichel gesellte sich dazu und wir lauschten in die aufkeimende Nacht. Ein Waldkauz meldete sich im nahen Buchenaltholz und bereitete sich wohl zur nächtlichen Jagd vor.

„Pihuit!-Pihuit!!!!!" zischte es über uns, und ein zickzack dahin huschender Schatten war auch schon wieder im Dunkel der Nacht verschwunden. Das alles ging so schnell, daß auch für den flinksten Schrotschützen keine Zeit war in Anschlag zu gehen. Die Nacht senkte sich vollends herab und wir traten den Heimweg an.

Schon am nächsten Tag, gerade von meiner Bänkertätigkeit heimgekehrt, zog es mich in den heimatlichen Wald, der von meinem zu Hause zu Fuß zu erreichen war. An der langen Schneise angekommen sah ich fast am anderen Ende einen mir wohl bekannten Jäger stehen. Es war der zuständige Revierförster Helmut Imhof vom Fürstlichen Hause Isenburg Birstein, der ebenso wie ich vom Schnepfenstrich hinausgezogen worden war.

Dieser Förster und Jäger winkte mich heran begrüßte mich sehr freundlich und ohne viele Worte gab er mir seinen Drilling in die Hand.

Diese Geste hat mich zunächst etwas überrascht. Ich nahm den Drilling, klappte ihn auf und stellte fest, dass außer den Schrotläufen auch eine Kugel geladen war, und das beim Anstand auf dem Schnepfenstrich. Ich schaute ihn an, und sagte nur: „Kugel?", darauf er: „Es könnte ja auf hundert Schritt ein Fuchs kommen." Ich nickte ihm zu, und schweigend lauschten wir der Dinge, die da hoffentlich kommen würden: Puitzen und quorren. Es blieb still, - wir verabschiedeten uns.

Aus dieser kurzen Begegnung sollte eine lang anhaltende Freundschaft werden. Schon kurze Zeit danach besuchte mich Helmut Imhof an meinem Arbeitsplatz, wo ich am Bankschalter für jeden zu sprechen war. Diesmal gings nicht um Geldgeschäfte, sondern um die Jagd. Sein Vorschlag lautete, ob ich bereit sei, den bald anreisenden Jagdpächter, Herrn Heyland aus Frankfurt zum Ansitz zu begleiten, jagdlich zu führen und zu betreuen. Ohne lange zu zögern habe ich zugesagt und nur wenige Tage später konnte ich diesen, meinen neuen Jagdherren kennen lernen. Herr Heyland war schon ziemlich betagt und in Jägerkreisen wohlbekannt.

Er hatte sich, wie alljährlich in einer örtlichen Pension eingemietet und sein ganzer Wunsch war es, einen Rehbock zu erlegen. Am Abend habe ich ihn bei seiner Pension abgeholt, und hinaus gings zum abendlichen Ansitz. Nach diesem ersten Treffen sollte auch hier mit der gesamten Familie Heyland eine langjährige Freundschaft entstehen.

Auf der Fahrt hinaus erzählte mir mein neuer Jagdherr, dass er von Frankfurt bis in den Vogelsberg drei Stunden gebraucht hat. Er meinte, er habe ja Zeit genug und im Übrigen wolle er sich keinen Stress machen. Ich habe für diese Fahrt jeweils ca. eine Stunde gebraucht. Einige hundert Meter vor der Meisterkanzel, so nannte er sie, hielten wir an und nun begann zunächst eine genaue Ankleidezeremonie. Ich half ihm in den langen grünen Lodenmantel, danach wurde ein ca. zwei meterlanger, dicker Wollschal mehrmals um den Hals geschlungen, damit der Riemen seines Fernglases nicht in den Nacken drücken konnte. Nun das Glas umgehängt. Jetzt den Hut auf, nun der lange Bergstock als Gehhilfe, und nachdem ich seine *„Donnäbüchse"*, so nannte er liebevoll seinen alten Repetierer, geschultert hatte ging's los in Richtung Meisterkanzel, Schritt für Schritt, und schwer atmend aber voller Zuversicht. —

Dort angekommen wurde zunächst der Bergstock rechts von der Leiter abgelegt. Mühsam hat sich nun mein Jagdherr Sprosse für Sprosse hinauf zur Kanzel gearbeitet, und mit leichtem Anschieben von hinten hatten wir es geschafft. Bevor er sich jedoch setzen konnte, musste ich ihm vier Sitzkissen unter seinen Allerwertesten schieben, das gummierte zuunterst wegen der Feuchtigkeit, danach die anderen wegen der Bequemlichkeit. Nun wurde die *Donnäbüchs* mit einem weithin hörbaren Ratsch geladen, dass ich vor Schreck schier zusammen gefahren bin. Der Rehbock konnte kommen.

Nun war er ja auch ein starker Raucher und er brauchte abwechselnd zwei Sorten, nämlich Astor mit Filter und eine Menthol Zigarette. Da der Wind etwas küselte, d.h. ständig aus einer anderen Richtung wehte, bat ich ihn, das Rauchen einzustellen, denn der Rehbock könnte Wind bekommen.

Prompt kam seine Antwort in echtem Frankfurter Dialekt: *„Isch raach weidä, der soll sisch dro geweene!"* Inzwischen hatten sich ca. ein Dutzend Zigarettenstummel fein säuberliche auf der Sitzbank aufgereiht und nun wurde der Hohlraum zwischen Hochsitzeckpfosten und der halb abgelösten Rinde als Aschenbecher benutzt. Nach kurzer Zeit begann die Kanzelecke fürchterlich zu qualmen und er stellte fest: *„Isch glaab, mir brenne ab!"* Nachdem ich mit festem Druck das Feuer gelöscht hatte, wurde eine neue Zigarette entzündet und wir harrten weiter der Dinge die da sehr wahrscheinlich nicht kommen würden. Herr Heyland schaute nun auf die Uhr und meinte, mich etwas vorwurfsvoll anschauend: *„Herr Langlotz, sie hawwe misch beloche, jetzt isses acht un der Bock sollt um halbacht uff dere Schneise stehe:"* - Das war's dann für diesen Tag.

Am nächsten Abend ging es zu einer anderen Kanzel in einem ganz anderen Revierteil. Hier hatte man einen herrlichen Fernblick bis hinab zum Dörfchen und weit ins Tal hinein. Ein guter Rehbock hatte sich in einem Gatter verirrt und sollte auf Anweisung des Revierförsters unbedingt erlegt werden, denn er hatte bereits durch sein starkes Fegen erkennbaren Schaden an den Jungfichten angerichtet. Bei meiner Inspektion hatte ich festgestellt, dass dieser gute, reife Sechserbock, so wie ihn sich mein Jagdherr, Herr Heyland gewünscht hatte, stets bei beginnender Dämmerung versuchte, aus der Schonung heraus zu kommen und somit in ganz bestimmten Zeitabständen am Zaun entlang gewechselt kam. Ein Hochsitz am östlichen Rand der Schonung und noch dazu in guter Schussentfernung und zumeist völlig außer Wind konnte uns zum Erfolg verhelfen. Idealer konnte es gar nicht sein.

Pünktlich habe ich meinen Jagdherrn zum vereinbarten Termin in seiner Pension abgeholt und war zunächst etwas erschrocken. An der linken Hand hatte er einen Verband und gehumpelt hat er auch. Meinen fragenden Blick beantwortend, fing er gleich an zu berichten:

„Stelle se sisch vor, isch bin doch gestern noch emol mit der Kora, (das war seine ihn stets begleitende Drahthaar-Hündin) vor die Tür, hinne zum Wald zu gegange, — damit se sisch löst, un da springt doch da kurz vor uns e Katz üwwer die Straß, die Kora natürlich en Satz un isch lieg langewegs uff de Gass. In dem Moment kimmt aach noch e' Auto gefahrn, un isch denk, jetzt fährt er disch dot, naa, er is steh gebliwwe. Der nette junge Mann hier vom Ort hat misch enei geführt un sie hawwe misch e bissi verbunne, es hät noch viel schlimmer ausgehe könne".

Ich habe mir das Lachen verkniffen, während mich die treue Kora immerzu recht schuldbewußt anschaute und meine Streicheleinheiten gerne annahm.

Trotz dem fast schweren Unfall, den Herr Heyland mit viel Humor und bewundernswerter Ruhe weggesteckt hat, ging's nun hinaus zum Ansitz. Nach der üblichen Prozedur mit Schal umlegen Fernglas umhängen, *Donnäbüchs* umhängen und Bergstock überreichen pirschten wir nun zu dem Erfolg versprechenden Hochsitz. Nach anstrengendem Angehen bergauf und möglichst geräuschlosem Aufbaumen harrten wir nun der Dinge, die da hoffentlich kommen sollten. Zunächst genossen wir den herrlichen Weitblick in die schöne Vogelsberg-Landschaft und das im Tal liegende Dörfchen. Als nun ganz allmählich die Dämmerung hereinbrach.Da erschien auch schon der ersehnte Rehbock am Zaun, spitz auf uns zu wechselnd. Mein Jagdherr hatte seine *Donnäbüchs* bereits im Anschlag, und vor lauter Aufregung bekam er den Bock nicht ins Glas und schon war dieser wieder im dichten Grün verschwunden.

Ein Holunderstrauch hatte ihn unsichtbar gemacht und er war weiter auf seinem Weg auf der Suche nach einem Ausschlupf aus dem Schonungsgatter, in das er sich verirrt hatte. Herr Heyland schaute mich etwas ratlos an und ich berichtete ihm im Flüsterton: „Keine Sorge, er wird nach ca. 12 Minuten an der gleichen Stelle wieder erscheinen."

Nun war genug Zeit, um sich eine sichere Schussposition herzurichten. Auch die Sitzkissen wurden nochmals zurecht gerückt, und nichts konnte mehr schief gehen. Tatsächlich hat sich der Bock diesmal an den Fahrplan gehalten und nach genau 12 Minuten erschien der Ersehnte, stellte sich kurz breit und —— **blautz! —** krachte auch schon der tödliche Schuss und der Bock versank im hohen Grün. Einige Grashalme zitterten noch beim letzten Schlegeln, dann Stille. – Erlösendes Aufatmen!

Jetzt war natürlich eine Zigarettenpause unbedingt nötig, teils zur Beruhigung, teils um den Bock in Ruhe in die ewigen Jagdgründe wechseln zu lassen. Nach guten zehn Minuten verließ ich den Hochsitz um nachzuschauen. Möglichst ohne viel Lärm ging ich zum Anschuss und fand den Erlegten mit einem sauberen Blattschuss verendet im Grase.

Die *Donnäbüchs* hatte ganze Arbeit geleistet und der Bock war ohne lange Todesqualen in Bruchteilen von Sekunden verendet. Nach traditionellem Jägerbrauch reichte ich dem gerade erlegten den letzten Bissen und da es von jeher mein Bemühen ist, im Wald möglichst leise zu agieren, gab ich meinem Jagdherrn ein Handzeichen, welches einen guten Erfolg signalisieren sollte. Gerade als ich das stolze Sechser-Gehörn begutachtete, kam vom Hochsitz der laut schallender Ruf:
„Herr Langlotz, is die Läwwä noch ganz???"

Nun ist mir wieder bewußt geworden, dass ihn, im Gegensatz zu mir, die Trophäe weniger interessierte, jedoch die schmackhafte Rehleber, die ihm am Abend in der Pension Waldeck von Frau Engelmann gebacken wurde. Auch bei Waidmännern sind eben die Ansichten sehr unterschiedlich und die Vorlieben auch.

Nachdem die rote Arbeit erledigt, und die begehrte Reh-Leber gut verwahrt war, traten wir den Heimweg an und Herr Heyland war mit einem stolzen Bruch am Hut rund um wunschlos glücklich.

In seiner Pension Haus Waldeck wurde nun wie es sich gehört der Bock zünftig totgetrunken und am nächsten Tag tuckerte Herr Heyland wieder in Richtung Frankfurt. Mein Jagdherr war um ein schönes Erlebnis reicher geworden und ich war auch zufrieden, hatte ich ihn doch zum Erfolg verholfen.

Der Unglücksbock

Es war im Hochsommer des Jahres 1966, mein Jagdherr war zu seinem zweiten Jagdbesuch des Jahres angereist und wir saßen diesmal an der sogenannten Schwarzwaldschneise auf einem stabilen Hochsitz. Ich hatte dort einen Bock beobachtet, der zwar nur lauscherhoch aufhatte, jedoch gut geperlt eine recht ordentliche Trophäe versprach. Die vor uns liegende Fichtenkultur hatte einige Lücken, die recht saftige Äsung bot. Dort zog es den Bock immer wieder hin.

Nachdem wir eine knappe Stunde angesessen waren, erschien wie gewünscht der Ersehnte. Herr Heyland hatte seine *Donnäbüchs* bereits im Anschlag, und kurz zu mir rüber blickend meinte er noch etwas zögerlich: *„Es is awwä asch weit"*, was ich verneinte, indem ich den Kopf schüttelte und sagte: „Es sind einhundert Meter, halten Sie mitten aufs Blatt". Wie sich später herausstellen sollte, hat er mir aber nicht geglaubt, sehr hoch am oberen Blattrand angehalten, und bautz war auch schon der Schuß draußen. Der Bock ist getroffen umgefallen, hat mit allen Läufen in der Luft herumgefuchtelt, kam wieder auf die Läufe und war laut schreckend mit wenigen Fluchten im angrenzenden Laubwald verschwunden.

Wir schauten uns an und mir war sofort klar, ein Krellschuß. Die Dunkelheit brach herein und wir machten uns auf den Heimweg. Am nächsten Morgen wurde zunächst der Anschuß gründlich untersucht und tatsächlich fand ich das deformierte Projektil aus seiner *Donnäbüchs* in einem Baumstumpf. Nun wurde mit Kora nachgesucht, aber leider erfolglos. Niedergeschlagen, wie nie zuvor hat mein Jagdherr die Heimreise angetreten.

Seine letzten Worte waren: *„Gehn Se hin un schieße Se den Bock, awwä nur „DEN!"*

Noch einmal habe ich mir den Anschuß auf allen Vieren angeschaut und auch tatsächlich einige Schnitthaare und auch kleine Deckenfetzen gefunden. Wenn der kranke Bock nicht längst verendet war, musste er sicher große Qualen erleiden. Jeden Morgen vor Tagesanbruch war ich auf dem besagten Hochsitz bis mich die Pflicht an meine Arbeit rief aber immer wieder vergebens. Nach fast zwei Wochen gab mir der zuständige Oberförster, mein Gönner, Herr Imhof, dem ich den Vorfall berichtet hatte, einen Tip. Er meinte bei einer Revierfahrt den kranken Bock, einige hundert Meter westlich vom damaligen Anschuß gesehen zu haben. Dort setzte ich mich nun auf dem sogenannten Großvaterstuhl an einem Dickungsrand an. An einem verregneten Abend erschien zunächst eine Geiß mit ihrem Kitz, die ständig nach hinten in die Dickung äugte.

Nach einigen Minuten erschien sehr zögerlich ein Bock. Ich begann zu schwitzen und im Glas erkannte ich den Gesuchten. Tatsächlich, er war es. Auf dem oberen Blattrand hatte er eine Untertassen große Wunde, die sich bei jedem Schritt hin und her schob. Beim vorsichtigen Äsen hat er ständig aufgeworfen und gesichert. Sehr, sehr vorsichtig war er geworden. Jetzt keine falsche Bewegung machen, noch hatte ich guten Wind und er war kaum noch fünfzig Schritte entfernt. Mein Drilling ging in Anschlag und im Feuer war der Leidende endlich erlöst.

Der Arme wog aufgebrochen gerade noch zwölf Kilo und ich trug ihn im Rucksack nach Hause. Sofort habe ich die Beute mit einem Foto dokumentiert, denn es klang mir noch in den Ohren: *„Awwä nur DEN!“*

Damit diese nun mir gehörende Jagdtrophäe auch ein ordentliches Aussehen bekam, wurde der fein säuberlich gereinigte Schädelknochen mit Watte eingepackt und dann mit Wasserstoffsuperoxyd übergossen. Immer wieder habe ich den so eingewickelten Schädel mit einem Teelöffel übergossen, damit er auch wirklich blütenweiß werden sollte. Am nächsten Tag war ich allerdings beim vorsichtigen Auspacken sehr überrascht, denn meine Jagdtrophäe war völlig versilbert. Ich hatte zum Übergießen einen Silberlöffel benutzt, das Silber hatte sich teilweise gelöst und auf dem Schädelknochen verteilt. Ein Abspülen half nichts. Beim befreundeten Apotheker erhielt ich ein Döschen mit einem violetten Pulver, das ich in Wasser auflöste und unter fließendem Wasser über die Trophäe träufelte und mit viel Mühe die Versilberung wieder entfernte. So konnte nun der Unglücksbock bei der Trophäenschau präsentiert werden.

Damit war allerdings die Karriere meines Unglücksbockes nicht beendet. Die damals in den 1960er Jahren übliche Pflichttrophäenschau war immer eine aufregende Sache, denn es wurde peinlich genau beobachtet, wer was erlegt hatte und wie der Abschuss bewertet wurde. Oft konnte man auch beim Reviernachbarn alte Bekannte wieder erkennen, die sich irgendwann einmal über die Jagdgrenze verirrt hatten. Was aber ein nicht unwichtiger Punkt war: Wer bekam eine Auszeichnung, sprich Medaille für besonders gelungene Hege und damit verbundene Trophäe. Es gab grüne Punkte für guten und gelungenen Abschuss, es gab aber auch die gefürchteten roten Punkte für einen Fehlabschuss, und genau so einen gefürchteten roten Punkt bekam mein Unglücksbock. Nach Meinung der Jury war hier ein sogenannter Zukunftsbock zu früh erlegt worden. Mich erinnert allerdings dieses Gehörn an eine ganz besondere Jagdgeschichte, da ist mir heute nach über fünfzig Jahren die Meinung der damaligen Jury unwichtig.

So hängt er nun da an meiner Trophäenwand, bei einer ganzen Reihe von Rehkronen, die alle ihre Geschichte haben, jeder einzelne. Er aber hat seine ganz besondere Geschichte, an die ich oft zurückdenke. Lange hat er leiden müssen, der Arme, nur weil mein Jagdherr mir nicht geglaubt hat. Es waren tatsächlich exakte einhundert Meter und nicht weiter, er hätte meinen Rat befolgen sollen und genau aufs Blatt halten, denn wenn er den Finger krumm machte, dann hat es immer gepasst, trotz seines hohen Alters. Viele Stunden Schlaf habe ich geopfert, um endlich Gewissheit zu bekommen, und letztendlich bin ich belohnt worden. Mit einem sauberen Blattschuss ist er endlich erlöst worden. — Dieser Rehbocksommer bleibt mir auch nach über fünfzig Jahren besonders in Erinnerung.

Der Unglücksbock

Der Pulvermann

Seinen eigentlichen Namen weiß ich nicht mehr und es ist auch heute nicht mehr so wichtig. Jedenfalls war es zu dieser Zeit bei einigen Jägern noch üblich, sich seine Patronen, zumindest die Schrotpatronen selbst wieder zu laden.Nicht alle taten das, aber einige sparten dabei Geld. So einer war auch der hier Beschriebene und deshalb hatte er den Namen Pulvermann verpasst bekommen. Dennoch war er ansonsten ein anerkannter, passionierter Jäger und immer und überall dabei wo es was zu jagen gab. Nur eine Untugend die jeglicher Jägerehre widersprach hatte er sich angewöhnt, die ihm immer wieder gar arg übel genommen wurde. Er konnte bei der herbstlichen Hasenjagd einfach nicht abwarten, bis die Hasen ihre Sasse verlassen hatten und in rasendem Tempo davon stoben und so schoss er sie in Ruhestellung. Das war natürlich nicht waidgerecht und die übrigen Jäger ärgerte das sehr.

So kam es wie es kommen musste. Wieder einmal, wie so oft saßen am berüchtigten Jägerstammtisch im eben so berüchtigten ***Bergwirthshaus,*** ja so war die damalige Schreibweise an der Außenwand dieses altehrwürdigen Hauses, einige Jäger zusammen. Pulvermann war diesmal nicht anwesend und so beschloss man, ihm bei seiner immer wiederkehrenden Untat eine Lektion zu erteilen. Ein Hasenbalg wurde mit Sägemehl gefüllt und in eine Ackerfurche so platziert, dass mit einigem Geschick die Schützenkette so aufgestellt war, dass genau dort unser Pulvermann zum Anlauf kam. Der Jagdleiter hatte noch zuvor bei launi

Pulvermanns Denkzettel

scher Ansprache vermerkt: Meine Herren denkt daran, die Ackerscholle, auf der kein Schnee liegt ist meistens ein Hase.

Ein allgemeines Raunen erfüllte die kleine Jagdgesellschaft und bei einigen war ein heimliches Grinsen nicht zu übersehen. Los ging's über den schweren Ackerboden und bald schon flitzte der erste Hase davon und es krachte aus allen Rohren. Die ganze Gesellschaft näherte sich nun dem präparierten Strafobjekt und die Spannung stieg von Minute zu Minute. Da !! plötzlich hatte auch schon unser Prüfling seine Flinte hoch, schoss auf den vermeintlichen Hasen und freute sich über seinen gelungenen Schuss.

Beim Aufnehmen seiner Beute rieselte ganz langsam das Sägemehl unten heraus und der geschockte Jägersmann wurde bleich im Gesicht, schrie einen furchtbaren Fluch in die grinsende Korona und verließ schimpfend das Schlachtfeld. Die Waidgerechtigkeit war hergestellt und Pulvermann erschien nach einigen Wochen auch wieder am Stammtisch. Einen Hasen in der Sasse hat er nie mehr beschossen.

Ernst Rapp

Er war eigentlich ein recht unscheinbares, kleines Männchen, allerdings stets mit einem verschmitzten Lächeln um die Mundwinkel, sodass man vermuten konnte, was in ihm steckte. Hinter seiner damaligen Tankstelle mit einer angrenzenden kleinen Kfz. Werkstätte befand sich noch eine Halle mit einer etwas überdimensionierten Drehbank, für die eigentlich zunächst kein Bedarf vorhanden zu sein schien. Hier konnten alle möglichen Ersatzteile mal eben so selbst hergestellt werden, denn Ernst Rapp hatte viel Phantasie und war noch dazu ein durchaus geschickter Bastler. Seine ganz große Leidenschaft war allerdings die Jägerei. So hatte er es doch tatsächlich geschafft, in der Zeit nach dem zweiten Weltkrieg, als für uns Deutsche der Besitz von Waffen streng verboten war, sich selbst eine brauchbare Flinte zu bauen und gebrauchte sie auch in Wald und Flur recht fleißig.

Dass dieses Treiben nicht lange unbemerkt bleiben konnte war natürlich vorauszusehen, und so kam es wie es kommen musste: Ernst Rapp wurde erwischt und vor das damalige amerikanische Militärgericht geholt, ob es jedoch zur Bestrafung kam ist nicht bekannt geworden. Seine Eigenbau-Flinte wurde eher bei den amerikanischen Jägern bewundert, und seine außerordentlichen Fähigkeiten hatten sich alsbald in einschlägigen Kreisen herumgesprochen, dass diese alsbald als Freunde und Jagdkameraden bei ihm aus und ein gingen. Ich erinnere mich noch gut an einen Oberst, der gerne zum damals weit und breit bekannten Jägerstammtisch ins ***Bergwirthshaus*** nach Gedern kam und nur einen einzigen deutschen Satz sagen konnte, der da lautete: ***„Warum nicht!?“*** Auf solche Fragen wie: ***„Geben Sie noch eine Runde, Herr Oberst?“*** kam dann prompt die Antwort: ***„Warum nicht!?“*** und die Freude bei allgemeinem Gelächter war groß.

Ernst Rapp war ein kleiner Mann und ein großer Jäger vor dem Herrn. Er war aber auch ein kreativer Tüftler, ein kenntnisreicher Ballistiker und mit viel Humor stets zu irgend welchen Späßen aufgelegt. So erzählte er den damaligen Sommerurlaubern im **Bergwirthshaus**: *„Die Forellen in meinem Fischteich hören, wenn ich pfeife und kommen zu mir!“* Das wollte natürlich niemand glauben und es wurden die tollsten Wetten abgeschlossen. Meist ging es dabei um eine Flasche Schnaps.

An besagtem Teich angekommen, streute er eine Hand voll Fischfutter ins Wasser, - pfiff dazu eine Melodie und alle Forellen kamen geschwommen. Er hatte die Wette gewonnen und die Stammtischbrüder hatten ihre Gaudi.

Eine weitere Geschichte, die so ganz typisch für den Erfindergeist von Ernst Rapp war, muss hier unbedingt berichtet werden. In seiner Werkstatt hatte er einen recht tüchtigen Mitarbeiter beschäftigt, der nur eine recht unangenehme Angewohnheit hatte, obwohl er ansonsten ein sehr zuverlässiger und auch angenehmer Zeitgenosse war. Jeden morgen erschien Karl K. pünktlich, ja sogar etwas vor der Zeit an seinem Arbeitsplatz, begab sich leicht verdeckt an die hintere Werkstattecke, und pinkelte in einen dort abgestellten Blecheimer, der eigentlich das Regenwasser auffangen sollte. Ernst Rapp hatte sich wieder einmal eine besondere Maßnahme ausgedacht, um ihm diese Unart abzugewöhnen.

Der bereits mit Regenwasser halb gefüllte Blecheimer wurde kurzerhand mit Hilfe einer batteriebetriebenen Weidezaunanlage unter Strom gestellt.

Natürlich war die Sache im engsten Freundeskreis längst besprochen worden und einige wollten bei der Erziehungsmethode auch unbedingt anwesend sein. Hinterm Wohnzimmervorhang im ersten Stock, gut getarnt erwartete die Meute das frühe Erscheinen ihres Opfers. Wie immer überpünktlich erschien Karl K., stellte seine alte Aktentasche mit der Mittagsbrotzeit auf die Erde und schritt zur Tat. Kaum hatte der Wasserstrahl den unter Strom stehenden Blecheimer erreicht, da schnellte unser K.K. unter lautem Aufschrei wie ein Känguru in die Höhe und vollführte einen Indianertanz, wie ihn der wildeste Sioux nicht wilder hätte aufführen können. Er schnappte seine Aktentasche und verschwand in Richtung Heimweg. Kommentarlos verlief der nächste Arbeitstag, jedoch ohne das frühere Vorspiel.

Eine weitere Geschichte, die ganz typisch für den Freidenker Ernst Rapp war, wurde mir von Ludwig Stiebeling jun., dem Sohn des damaligen Bergwirtes erzählt:

Die elektrische Entwöhnung

Es begab sich in den 1940-er Jahren gegen Ende des zweiten Weltkrieges. Ernst Rapp saß wie fast täglich am Jä-gerstammtisch in der Ecke des Berg-wirthshauses und schlürfte sein Viertelchen. Auch in diesem Hause gehörte es zum guten Ton, dass ein Hitler-Bild an der Wand zu hängen hatte. Ob Amtsstube, ob Bäcker, Metzger oder sonstiger Laden, dieses Bild hatte einfach überall zu hängen. Das war damals einfach so.

Wie der Zufall es wollte, hatte ein Luftzug die Wirtshaustür mit einem lauten Knall zugeworfen und das Hitler-Bild fiel krachend zu Boden.

Da lag er nun, der zersplitterte Führer!

Alle Stammtischbrüder blickten etwas erschrocken auf das am Boden liegende Bild und ehe man sich von dem Schreck erholt hatte, entfuhr es dem Munde von Ernst Rapp: *„Endlich horre de Schlag!"*

Allgemeines Schmunzeln und auch unterdrücktes Lachen folgten. —- Womit man allerdings in jener Zeit allgemein rechnen musste, war einer der Anwesenden ein recht Hitlertreuer Zeitgenosse und so kam es, dass sowohl Ernst Rapp als auch der Wirt, Ludwig Stiebeling am nächsten Tag von der Polizei abgeholt wurden. Nach wenigen Tagen Kerkerhaft wurden jedoch beide wieder entlassen, und so fand die Sache zum Glück doch noch ein gutes Ende.

Lieder sind voller Gefahren

Nicht nur Ernst Rapp wurde verraten. Das beweist diese wahre Geschichte: Mein Patenonkel Theodor war ein nicht nur fleißiger, sondern auch weitsichtiger Mann. Heute noch ernte ich Äpfel von Bäumen, die er 1938 in meinem Geburtsjahr gepflanzt hat. Er traute dem ganzen Nazi-Gehabe nicht so recht und war auch nicht, wie fast alle seine dörflichen Mitbewohner, Mitglied in der SA geworden. Gewohnt war er es jedoch, in einem nahe gelegenen Eisenwerk hart zu arbeiten und betrieb außer dem nach Feierabend noch eine kleine Landwirtschaft. Trotz aller Mühsal war ihm eine Frohnatur in die Wiege gelegt worden und so war er bei jedem Anlass mit seiner Harmonika ein gern gesehener Gast.

So geschah es dann eines Tages, dass wieder einmal nach des Tages Arbeit in der Dorfkneipe gesungen und gelacht wurde. Aus einer Laune heraus erklang plötzlich das Lied: *„Die Internationale"* alle sangen mit und es wurde kräftig gelacht. Niemand hatte sich eigentlich etwas dabei gedacht, doch mein Onkel, als der Musikus, wurde gleich am nächsten Tag an seinem Arbeitsplatz verhaftet. Er wurde zum Staatsfeind erklärt und nur weil er ansonsten unbescholten und nicht vorbestraft war, kam er nach zwei Wochen aus der Haft wieder frei.

Kurz darauf, bei Kriegsbeginn im Jahr 1939 wurde er als erster zum Wehrdienst eingezogen und ist von der Ostfront nie wieder heimgekehrt. War das gefährliche Lied sein Schicksal?

Nun sind achtzig Jahre vergangen, wir haben eine neue Staatsform, eine sogenannte Demokratie, und vieles ist besser geworden. Jeder darf sagen was er denkt, ja in unserem Grundgesetz ist sogar fest verankert (Artikel 5), dass jeder Mensch das Recht hat, frei heraus seine Meinung zu äußern, auch in der Dorfkneipe und auch beim Lieder singen. Leider gibt es die Dorfkneipe nicht mehr. Dafür haben wir Errungenschaften, wie Fernseher, Internet und tausend andere Unterhaltungsmöglichkeiten. Einen Mann in der Dorfkneipe mit Harmonika gibt es schon lange nicht mehr. Und trotzdem erlebte ich im Jahre 2018, dass in einer kleinen fröhlichen Runde ein Rentner mit Gitarre fröhliche Lieder spielte und sang und die ergrauten Zechkumpane sangen eifrig mit.

Nach einigen Runden Bier und Wein wurde die Stimmung immer ausgelassener und manch alte Geschichte wurde mit lautem Gelächter belohnt. Wer es angestimmt hatte wusste später keiner mehr, jedenfalls erklang plötzlich das alte Lied: *„Die Fahne hoch, die Reihen fest geschlossen..!“* Alle grölten mit, ohne zu ahnen welchen Alarm sie ausgelöst hatten. Es kam, wie es kommen musste, auch hier war wieder einmal ein Denunziant am Werk. Prompt bekam der Musikant nur wenige Tage später eine Vorladung zu einer Vernehmung bei der Kriminalpolizei. Es wurde ihm vorgehalten, er habe in der Öffentlichkeit verbotene Nazi-Lieder gesungen, dies sei der Tatbestand der Volksverhetzung und strafbar.
Bei der Vernehmung stellte sich jedoch heraus, dass der Musikant das Lied gar nicht mitgesungen, sondern nur auf seiner Gitarre ein paar Takte

dazu geklimpert hatte. Er war also genau genommen gar nicht an der strafbaren Handlung beteiligt gewesen. Daraufhin wurde das gesamte Verfahren von der Staatsanwaltschaft eingestellt. Nun erfuhren die fröhlichen Zecher, dass auch in einer Demokratie, wo doch laut Grundgesetz jeder das Recht hat, alles sagen bzw. singen zu dürfen, noch lange nicht alles erlaubt ist und man sich an Verbote zu halten hat. Einer der Stammtischler behauptete schließlich sogar: *„Ob Nazi-Zeit, DDR Staasi Regiem oder Demokratie, so groß sin die Unnerschiede eigentlich goar net."*

Opas Rache

Eigentlich handelt die Geschichte vom Eingemachten, aber beginnen wir von vorne. Bei Kriegsende im Jahre 1944 kamen viele Menschen hier im Deutschen Westen bei uns an, nicht nur die später aus ihrer angestammten Heimat Vertriebenen, auch die zuvor vor den plündernden und mordenden Horden aus dem Osten geflüchteten. So auch ein junges Paar, das sein Hofgut in der ehemaligen Deutschen Heimat verlassen hatte. Am Ortsrand eines kleinen Dörfchens hatte sich das junge Paar mit Hilfe von Nachbarn eine kleine Hütte gebaut und somit zunächst einmal eine Bleibe und ein Dach über dem Kopf. Als Tagelöhner bei den ansässigen Bauern schlugen sie sich durch, hatten bald schon auf dem Grundstück ums Häuschen einen ertragreichen Gemüsegarten angelegt.

Mit Geschick und fleißigen Händen warnach wenigen Jahren ein richtiges Haus entstanden und drumherum blühte im Frühjahr ein herrlicher Obstgarten. Die Jahre gingen dahin, ein Sohn war geboren worden und die Familie hatte sich gut eingelebt. Opa Weide (so wollen wir ihn nennen) war irgendwann zum Witwer geworden, der Sohn hatte nach einer erfolgreichen Ausbildung in der Stadt eine gut bezahlte Position inne und unser Opa lebte auf seinem neu errichteten Anwesen ganz mit sich und seiner eigenen Welt zufrieden. Immer öfter wanderte er durch Wald und Feld, kannte jede essbare Pilzart, sammelte Brombeeren, Himbeeren, Holunderbeeren und wunderbar aromatische Walderdbeeren.

Vieles davon und aus seinem ertragreichen Garten wurde eingeweckt, wie er es aus alten Zeiten kannte, und so konnte er oft auch des abends auf der selbst gezimmerten Bank vor seinem Haus den Sonnenuntergang genießen und in seiner Pfeife den selbst geernteten Tabak rauchen. Opa Weides Sohn hatte inzwischen in der Stadt eine Familie gegründet und zwei Enkelkinder kamen gerne zu Besuch, um es sich in der dörflichen Idylle gut gehen zu lassen. Hier konnten sie unbeschwert auf Bäume klettern und am nahen Waldrand sogar in der Abenddämmerung einen Feldhasen beim Grasen beobachten. Zum Abschluß erzählte Opa noch auf der Bank vorm Haus eine Geschichte aus seiner alten Ostpreußischen Heimat von der Hirschjagd. Das war dann jeweils die Krönung des Landausflugs.

Die beiden Enkel wuchsen heran und die Landausflüge waren irgendwann nicht mehr so interessant für sie, gab es doch in der Stadt andere Abwechslung. Das Stadtehepaar Weide kam jedoch immer noch ab und zu, um nach Opa zu schauen, der nun auch in die Jahre gekommen war, aber immer noch abends vorm Haus auf seiner Bank seine Pfeife rauchte und sich im großen und ganzen noch recht wohl fühlte. Die Regale in seiner Speisekammer waren nach wie vor gefüllt, und an den aus eigenen Äpfeln selbst erzeugten Apfelwein (in der neuen Hessischen Heimat Äppelwoi genannt) hatte er sich auch gewöhnt. Rundum: Opa Weide war in seinen alten Tages mit sich und der Welt zufrieden. Wenn da nicht eine Sache gewesen wäre, die ihn ärgerte.

Glücklicher Opa Weide

Offensichtlich ging man davon aus, dass er sich nicht mehr so alles merken könne, denn jedes mal, nachdem ihn die jungen Leute besucht hatten, fehlten in der Speisekammer einige Gläser Eingemachtes. Nachdem der Bestand seiner Vorräte nach jedem Besuch immer mehr abnahm, sann Opa Weide auf Rache.
Bei einem meiner Pirsch-Gänge zu meinem Waldrevier beobachtete ich ihn, wie er frische Kuhfladen, ja *Kuhfladen!* mit einem Löffel in mitgebrachte Gläser füllte und diese wieder verschloss.
Als ich ihn dabei ansprach, berichtete er mir, dass er nunmehr die Gläser in seiner Speisekammer deponieren wolle.
„Nun können diese unverschämten Stadtleute, wie er sie nannte, mein Eingemachtes gerne entwenden und es sich gut schmecken lassen!"

Ich war zunächst etwas sprachlos, nickte nur mit einem Lächeln und setzte meinen Pirschgang fort. *„Waidmannsheil!!!"* hat er mir noch nachgerufen, und ich habe dankend zurück gegrüßt.

Auf meinem Hochsitz angekommen, ging mir die Geschichte lange nicht aus dem Kopf, nach einigem Nachdenken konnte ich ihn jedoch ganz gut verstehen. Wie das Ganze danach wirklich ausgegangen ist, habe ich nie erfahren. Opa Weides Anwesen, das da einst mit viel Herzblut und Mühe entstanden war ist gleich nach seinem Tod verkauft worden und von der einstigen Idylle ist nach einigen Umbauten nichts übrig geblieben. Ob das erlöste Geld auch Glück gebracht hat, wer weiß?

Heinrich Boonhauer

Zurück zum Jägerstammtisch. Zu später Stunde erschien dereinst sichtlich aufgeregt unser H.B. und berichtete folgendes Jagderlebnis, wobei ich mich noch gut erinnere, dass H.B. ein sehr genauer Mensch war, der sehr bedacht und langsam sprach:

Stellt Euch vor, da draußen im Hinterfeld sind doch jetzt die Bauern am Kartoffel ausmachen. Bis kurz vor Einbruch der Dunkelheit sind sie täglich am Arbeiten. Fast jeden Tag mussten bis jetzt einige Säcke und auch ungelesene Kartoffeln bis zum anderen Tag liegen bleiben und auch ein Einachser, der mit Kartoffelsträuchern abgedeckt wurde blieb schon mal über Nacht stehen. Natürlich machen sich die Sauen darüber her und es ist ein Trittsiegel dabei, das muss ein mächtiger Keiler sein. Da hab ich mir heute mal die Zeit genommen und mich unter gutem Wind angesetzt.

Ich hatte mit etwas Mondlicht gerechnet, doch leider hat mir eine dichte Wolkendecke einen Strich durch die Rechnung gemacht. Aber ich bin trotzdem sitzen geblieben. Als die Kälte langsam an mir hoch gekrochen kam, und ich fast am Einschlafen war, konnte ich ein Geräusch vernehmen. Leichter Wind war aufgekommen und nur mit viel Mühe erkannte ich durch das Glas einen mächtigen schwarzen Klumpen. Da gab es kein Zögern mehr, mit der achtmal siebenundfünfzig hab' ich mitten drauf gehalten – RRRumms !!! und ein deutlicher Kugelschlag war zu verneh-

„...und da hat er geblaaaaase!“

men. Getroffen hab' ich, da bin ich ganz sicher, und da hat er geblaaaa-aaase' !!! Schschschscht !! un' is in sich zusamme gesackt. —— Un jetzt sitz' ich hier.

Ein Raunen war rund um den Jägerstammtisch zu vernehmen und bei Heinrich Boonhauer ein tiefer Seufzer. Dass Du nicht hingegangen bist war richtig, waren sich alle erfahrenen Jäger einig, denn mit so einem krank geschossenen Keiler ist nicht zu spaßen. Zur Beruhigung gab es natürlich noch eine Runde und alle waren dabei: Morgen früh bei Büchsenlicht gehen wir gemeinsam hin.

Fast alle Waidkameraden trafen sich auch tatsächlich beim Bergwirthshaus und auf ging's zu besagtem Kartoffelfeld. Dort angekommen, suchte man aber vergeblich nach dem Keiler und musste feststellen, dass H.B. vom beladenen Einachser einen Reifen platt geschossen hatte. Da hat er geblaaaase'!

Wer den Schaden hat, der hat auch ein Waidmannsheil —- im Bergwirthshaus!!

Heinrich Petermann

Ein weiteres Original wurde vom damaligen Bergwirt Ludwig Stiebeling wie folgt beschrieben: H.P. war im Vogelsberg-Dörfchen Eschenrod geboren, in einer kinderreichen Familie, kleinbäuerlich aufgewachsen und kam in früher Jugend als Müllerbursche nach Gedern, wo er in der Herrnmühle beschäftigt war. Er war Jahrgang 1900 und als Soldat im ersten Weltkrieg zu jung, und dann im zweiten zu alt. In Gedern fand er auch seine Frau, die Frieda, wo er nur ein paar Schritte vom Bergwirthshaus entfernt einheiratete. Da er keine Arbeit scheute und auch als kontaktfreudiger Mensch zu allem zu gebrauchen war, sprang er auch oft als Aushilfskellner im Bergwirthshaus ein und lernte dort allerlei Leute kennen. Ludwig Stiebeling meinte, er habe viel Verständnis für die „segensreichen" Wirkungen des Alkohols gehabt.

Der Jägerstammtisch hatte ihm recht bald zu erfolgreichem Einsatz bei diversen Treibjagden verholfen. Da er auch als Waldarbeiter, dann Rottenführer und Haumeister gute Kontakte zu Försterei und Jägerschaft hatte, und sich in jedem Waldwinkel auskannte wie kein anderer, wurde er während des zweiten Weltkrieges von Forstmeister Störmer als wertvoller Jagdgehilfe sehr geschätzt. So geschah es, dass Sein Jagdherr und er eines Tages einen starken Überläufer (junges Wildschwein) fest gemacht hatten, Störmers Hund Dolly hatte sich so an der Sau festgebissen, dass ein Schuss unmöglich war ohne den Hund zu gefährden und so schleppten sich Hund und Sau in eine Hecke und steckten dort fest. Petermann kroch todesmutig hinterher, band die Hundeleine am Hinterlauf der Sau fest und zog diese mit aller Kraft rückwärts aus der Hecke.

Nun konnte Forstmeister Störmer in aller Ruhe der Sau den tödlichen Fangschuss antragen und die Sauhatz fand dank Petermanns Einsatz doch noch ein gutes Ende. Beim anschließenden Umtrunk, dem „Tottrinken" im Bergwirthshaus soll dann der Spruch von „IWES", so nannten Freunde und Vertraute den Herrn Forstmeister, gefallen sein: *Woas iwes (halbwegs) ebbes is, des is en Owwerhess.* Da zu damaliger Zeit das Fahren mit dem Auto wegen kaum stattfindendem Straßenverkehr und nicht üblichen Kontrollen auch mit Alkohol keine Seltenheit war, hat man sich selbst getestet mit der exakten Aussprache des Wortes: „E'lila Flanell Läppche !" oder „Blaukraut bleibt Blaukraut, und Brautkleid bleibt Brautkleid". Wenn das noch einigermaßen ging, dann war man noch fahrtüchtig.

Es ist die Zeit des Dritten Reiches, aus dieser Zeit stammt das größtenteils heute noch geltende Jagdrecht. Ab 1934 war der Tot-Schuss auf Rehwild, Rotwild und Sauen mit Schrot strengstens verboten, wurde bestraft und führte zum Entzug des Jagdscheines. Ein Herr Schneider hatte damals ein Revier in Gedern gepachtet und Heinrich Petermann war sein Jagdaufseher. Zusätzlich war für die Fürstliche Verwaltung noch ein Revierförster in diesem Forst tätig.
Jagdherr Schneider hatte dem Herrn Revierförster wie alljährlich einen Rehbock zum Abschuss frei gegeben, dieser hatte bei der Pirsch seinen

Heinrich Petermann im Jagdeinsatz

Drilling voll geladen und beim Schuss auf den Bock den Schrotlauf betätigt, der Bock war mit Schrot erlegt worden. Was ein Unglück !

Wie nicht anders zu erwarten, war natürlich der Schuss nicht ungehört geblieben. Sowohl der Jagdherr, Herr Schneider als auch Heinrich Petermann trafen als bald bei dem glücklichen Schützen ein um ihm ein aufrichtiges Waidmannheil zu wünschen. Dieser war aber alles andere als glücklich, denn sein Missgeschick lag nun vor den drei Jägern mit der Frage, was tun. Diese strafbare Handlung durfte auf keinen Fall an die Öffentlichkeit gelangen, und so schworen die drei einen heiligen Eid, absolutes Stillschweigen zu bewahren. Heinrich Petermann hat noch zur selben Stunde den Rehbock im Wald begraben.

Damit ist diese Geschichte aber noch lange nicht beendet, wie wir gleich erfahren werden.

Zur gleichen Zeit war Heinrich Petermann bei den Buderus'schen Eisenwerken im Nachbardorf beschäftigt und auch dort eine bekannte Persönlichkeit. Diese angesehene Firma hatte ebenfalls für ihre jagenden hohen Herrn eine Jagd gepachtet in der alljährlich eine sogenannte „Repräsentativ-Jagd" stattfand.

Am Stammtisch berichtete Heinrich von einer „Präservativ-Jagd", wie er sich ausdrückte. Es war eine Menge Prominenz geladen, Aufsichtsräte und Jäger mit höchstem Ansehen. Jagdhornbläser waren geladen und am Abend sollte als krönender Abschluss ein Jagdessen stattfinden. Für das geplante Reh-Essen war jedoch nirgends ein Reh aufzutreiben.Da kam dem Herrn Direktor Nuhn die Idee, unseren Heinrich Petermann zu Rate zu ziehen, und dieser sagte sofort zu, aus der Patsche zu helfen.

Da erinnerte sich unser Heinrich Petermann an den vor wenigen Tagen vergrabenen Rehbock und holte diesen kurzerhand wieder ans Tageslicht zurück. Für seinen Chef machte er alles. Heinrich schlug den Bock aus der Decke und brachte ihn küchenfertig zum Buderus-Restaurant. Der „Hautgout" (besonderer Geschmack durch leichte Anrüchigkeit) war gesichert und beim vorzüglichen Jagdessen waren alle des Lobes voll.

Bis auf einen, nämlich den Herrn Prof. Wagner, der so ganz beiläufig seinem Direktor Nuhn, der selbst kein Jäger war, zugeflüstert haben soll: Wissen Sie auch, dass das Reh gewildert war, ich fand in meinem Braten eine Schrotkugel, aber das Essen war vorzüglich. Es wurde nie wieder darüber gesprochen.

Bergwirt Ludwig Stiebeling, Gedern

Mit meinem Lehrprinzen, heute würde man sagen: Lehrherrn Bernhard Oberheim kam ich erstmals ins Bergwirthshaus und lernte den sagen umwobenen Gastwirt Ludwig Stiebeling kennen. Zunächst begegnete er mir als ein in sich gekehrter, verschlossener Mensch, der eher missmutig als freundlich seine Gäste bewirtete. Dieser Eindruck war jedoch sehr bald einer neuen Erkenntnis gewichen, nachdem sich meine Besuche im Bergwirthshaus mehrten. Ludwig St. hatte eben seine Prinzipien und eine besondere Art, die man verstehen musste.

Seine Mentalität war geprägt von vielen unterschiedlichen, ja sogar teilweise entgegen gesetzten Talenten und Umwelteinflüssen. Er war Metzger, Koch, Gastwirt, Musiker, Unterhalter und auch Hotelier auf seine ganz besondere Art.

Als Jungjäger war ich nun beim Jägerstammtisch angekommen, was bereits eine besondere Ehre darstellte, denn dort durfte noch lange nicht jeder Platz nehmen. Wie sich das gehörte, hielt ich mich zurück und beobachtete, dass der Wirt gar feine Unterschiede machte, wenn er seine Gäste ansprach. Im Unterton war zwar immer der Humor enthalten, teils spöttisch, aber bisweilen auch ironisch, aber nie verletzend. So bemerkte ich, manche, ihm gleichaltrige sprach er per SIE an und manche mit DU. In der damaligen Zeit, also Anfang der 1960-ger Jahre war es ihm unerträglich, Männer mit Vollbart zu bewirten, und so konnte es vorkommen, dass er einen solchen Gast einfach ignorierte bis dieser irgendwann das Lokal von selbst wieder verlassen hatte.

Andererseits war er auch wieder für jeden Spaß zu haben, wenn er in sein Konzept passte. So habe ich am Stammtisch so manche lustige Geschichte erlebt, die er gerne berichtete. Wisst Ihr schon, Heinrich Petermann ist gestern nach seinem Dämmerschoppen etwas später heim gekommen. Wie immer war er sehr hungrig und hat sich über das von seiner Frieda warm gestellte Abendessen hergemacht. Heut' früh fragt ihn die Frieda: *„Heinrich! wo is dann des Hundefutter hie gekomme´, des ich uff dem Herd stieh' hat ?* Drauf der Hrch: *Ach, so -- aich doocht mersch aach, es schmeckt e' wing annerscht wei susd. Awwer aich hu gout druff geschloofe.*

Mit *Wau-Wau !!!* wurde Heinrich bei seinem nächsten Besuch empfangen.

Ludwigs ganz besondere Liebe galt der Musik. Wenn die passenden Gäste im Lokal waren und er dazu aufgelegt war, kam dann die Aufforderung: Wer noch etwas zu trinken möchte, bitte jetzt bestellen, anschließend spiele ich nämlich Klavier und dann hab' ich keine Zeit mehr. Aus dieser Zeit stammt auch sein lachender Spruch: *„Hier hat der Gast sich so zu verhalten, dass der Wirt sich wohl fühlt"*. Wenn dann noch der eine oder andere Stammgast zum Instrument griff, wie z.B. Rudi Rößner zur Geige, die sowieso seit Jahren im Lokal deponiert war und zufällig

Gottlieb Essler mit seiner Zither zugegen war, dann konnte die Nacht lang werden. So kam es auch, dass ich meine Gitarre für einige Jahre im Nebenstübchen hinterlegt hatte und ich nach Wiener Heurigen-Musik immer öfter spät nach Hause kam.

Natürlich gab es da außer den bereits beschriebenen noch eine ganze Menge Originale, die auch teilweise in meinem früheren Buch beschrieben wurden. Einer davon war der Herr Forstverwalter Sickfeld. Ein älterer seriöser Herr, der nach Kriegsende in Gedern gestrandet war. Ursprünglich in Diensten bei der Forstverwaltung des Fürstentums Stolberg Wernigerode hatte er nunmehr ein Jagdrevier in der Gemarkung Gedern im Fürstlichen Wald zu bejagen. Gerne veranstaltete er auch im Sommer eine Saujagd „auf blauen Dunst" wie er sie nannte und lud danach ins Bergwirthshaus zu „einer Tasse Kaffee" ein. Er selbst fuhr mit seinem VW-Käfer nur im zweiten Gang ohne jemals zu schalten und kam immer gut an. Die Tasse Kaffee galt allerdings nur für ihn.

In gemütlicher Runde erklärte uns Herr Sickfeld, dass er seit über vierzig Jahren zuckerkrank sei und sich nur dadurch am Leben hält, weil er täglich mehrere Suppenlöffel Heilerde vertilgt, und das seit vierzig Jahren. Nun hat er uns die Menge genauestens in Gramm, Kilogramm und letzt endlich in Tonnen zusammen gerechnet und ist zu dem Ergebnis gekommen, in seinem Leben einen ganzen Eisenbahnwaggon voll Erde gefressen zu haben. Diese Erkenntnis hat die gesamt Jagdgesellschaft in großes Erstaunen versetzt, aber nachmachen wollte es trotzdem keiner.

Jägerstammtisch im Bergwirtshaus

Nur Heinrich Kipper meinte: Ein Enzian ist ja im Geschmack auch wie Erde, da bin ich dann doch eher dafür und bestellte noch eine Runde vor'm nach Hause gehen.

Bergwirt Ludwig Stiebeling war für so manche Geschichte bekannt geworden, wie z.B. diese: Immer an Fronleichnam zog sich ein Prozessionszug durch Gedern und dabei war natürlich auch ein kleiner Musikzug, den man von Blasmusikern aus der Hirzenhainer Feuerwehrkapelle entliehen hatte. Die jungen Musiker freuten sich danach über das von Pfarrer Fäth überreichte Trinkgeld und kehrten nach getaner Arbeit im Bergwirthshaus ein um das Trinkgeld auch als Trinkgeld zu verwenden. Bei diesen jungen Musikern war auch einer dabei mit einem stolzen Vollbart. Soweit ich mich erinnere war es ein Herr Zamak, der ein hervorragender Posaunist war. Es kam, wie es kommen musste, der Tisch mit dem Bärtigen wurde übersehen und auch nach mehrmaligem Rufen nicht bedient.

Erst als ich ihm beim Gläser spülen an der Theke zugeflüstert hatte: *„Das sind die Musiker von der Prozession"*, hat er blitzartig reagiert mit: *„Ach so, was wünschen die Herren?* Und hat zusätzlich noch eine Runde auf Kosten des Hauses serviert. Danach wurde ihm noch ein Ständchen gespielt und die Welt war wieder in Ordnung. Bei Musikern war er zu allem bereit, sogar für einen Bartträger. So war er nun einmal und so kam es auch, dass er an einem Silvesterabend mit seinem Akkordeon vor der Theke stand und mich mit Gitarre zu sich bat. Dort standen zwei große

Ich bin der Ludwig

Gläser mit einem Klaren bereit und er sagte nur ganz kurz: *„Ich bin der Ludwig! Prost“.* Das war für mich eine besondere Ehre und hat mir zunächst die Sprache verschlagen, denn ich kannte ihn inzwischen recht gut.

Ein ebenfalls sehr gern gesehener Gast war Seine Durchlaucht, Erbprinz Heinrich Bodo zu Stolberg Roßla aus dem Ortenberger Adelsgeschlecht. Ein sehr geselliger Jagdkamerad, der auf eigenen Wunsch kurz „Heibo“ genannt wurde. Diesem war gemeldet worden, dass in seinem Waldrevier oberhalb von Ober-Seemen so heftig gewildert wurde, dass es sogar zu einer Schießerei zwischen seinen Aufsehern und einem Wilderer gekommen war. Blut war geflossen und der berüchtigste Wilddieb, war ins Gefängnis gewandert. Am Jägerstammtisch wurde die Geschichte lang und breit diskutiert und man fragte sich schon: Nach zwei Jahren wird er wieder frei sein, seine große Leidenschaft wird er nie lassen.

In den nun folgenden zwei Jahren konnte sich der Wildbestand wieder erholen, obwohl da noch immer hie und da in den weitläufigen Waldungen ein ungeklärter Schuss zu vernehmen war. Unser Wildschütz, *„Des Faßbinnersch Willemche“* wurde eines Tages aus der Haft entlassen, und da kam unserem Erbprinzen „Heibo“ die rettende Idee: Er machte den berüchtigten Wildschütz kurzerhand zum Jagdaufseher. Seit dem war Ruhe und Friede in den Revieren und als nach einigen Jahren der Jagdaufseher und einstige, gefürchtete Wildschütz zu Grabe getragen wurde hielt ihm sein Jagdherr, Heinrich Bodo zu Stolberg Roßla eine flammende

Grabrede und legte einen Kranz mit den Farben des Fürstlichen Hauses nieder.

Die nachfolgende Episode gebe ich so wieder, wie sie vom Wirt Ludwig Stiebeling nieder geschrieben wurde und mir von dessen Sohn Ludwig Stiebeling jun. überreicht wurde:

Nach dem Krieg war im Gasthaus zum Löwen eine Wahlversammlung der SPD, der er sehr nahe stand. (Gemeint war Ernst Rapp). *Auch er besuchte diese Versammlung zu der auch ein prominenter Redner aus Wiesbaden angereist war. Nachts zwischen zwei und drei wurde er geweckt* (Rapp). *Der Fahrer des Redners wollte noch tanken, um wieder nach Wiesbaden fahren zu können.*
E. Rapp: „Ihr Redner hot doch haut owend vo dene Errungenschafte der SPD gesproche – u.a. aach vom 8-Stonne-Doag. - Moi 8-Stonne sei erimm!"
Machte das Fenster zu und legte sich wieder zum Schlafen hin.

Dem damals ganz neu in Gedern in Amt und Würde gelangten Bürgermeister Merle wurde natürlich dieses Ereignis bei seinem nächsten Dienstbesuch in Wiesbaden vorgehalten. Ob es der Stadt Gedern einen Nachteil eingebracht hat ist nicht überliefert. Jedenfalls wurde darü-ber am Jägerstammtisch noch viel gelacht, wie auch über nachfolgende Erzählung vom Bergwirt:

Es war Winterzeit, und die gesamte Gederner Jägerschaft war nach Ober-Lais zur Saujagd eingeladen. Dabei waren auch die als besonders treffsicher bekannten Schützen Bernhard Oberheim, Jonny Leibner, Heinz Groth und Willi Buske. Letzterer war auch Ausbilder der angehenden Jungjäger und beim Landesschießen oftmals als einer der Besten hervorgegangen.

Bei Neuschnee und herrlichem Winterwetter wurde der erste Trieb angeblasen und schon gleich danach hörte man die Treiber aufgeregt rufen: Sauen!! Sauen! und in Richtung Willi Buske rief einer: Achtung Keiler!! — Willi B. legte an, – schoss, —- und vorbei !!! Der Keiler hatte seine Schwarte gerettet und Willi Buske sich unsterblich blamiert. Er verließ daraufhin sofort den Ort des Geschehens und ward für Wochen auch am Stammtisch nicht mehr gesehen. Stets waren die Stammtisch-Jäger gespannt, wann er denn wieder auftauchen würde, denn jeder wusste, dass die Spötteleien besonders von Ernst Rapp nicht ausbleiben würden. Der Rest wurde vom Bergwirt so aufgeschrieben: *Eines Morgens hatte Willi Buske offensichtlich die „Nase voll" und wollte dem Zustand ein Ende machen. Durch das Fenster der Gaststube konnte man auf den Parkplatz sehen.*

Einer rief: „Ernst eawe kimmt er!" Wir waren 5 Mann und alles Jäger – so wurde mit Waidmannsheil gegrüßt.
Willi kommt: Waidmannsheil! Waidmansheil! Ein Äppelwoi – ein Korn ! Zum Wohl ! —- 5 Minuten Ruhe – 10 Minuten Ruhe – fast 15 Minuten –

die Spannung war inzwischen auf dem Höhepunkt,da fängt Ernst Rapp an und sagt: Gestern abend rührn aich so ian meim Bücherschrank erim, nomme e Buch eraus – vo dem Frankforter (er schnalzt mit den Fingern) wäi häßt er noch? — Gruußer Mann ? Einer sagt: Maanste Goethe ? Ach ja – Goethe – Goethe, un woas les' aich do?: ***"Was Du versäumst in flüchtigen Sekunden bringt keine_Ewigkeit zurück!"***
Willi Buske: Zahlen! 1 Korn, 1 Äppelwoi – DM 1,80 – Waidmannsheil! Er wurde weitere 14 Tage nicht gesehen.

Immer wenn irgendwo eine Gesellschaftsjagd angesagt war, traf man sich vorm Bergwirthshaus. Ludwig konnte bei einem solcher Treffen durch sein Fenster beobachten, wie ein Jäger nach dem anderen aus seinem Auto ausstieg, und die anderen begrüßte. Im allgemei-nen Empfangstrubel beschnupperten sich die Hunde und —- einer der Jäger wischte ganz unbemerkt mit einem Tempotaschentuch das Hinterteil seiner Hündin ab, um in einem unbeobachteten Moment mit selbigem Tüchlein die Stiefel seines Freundes Heinrich K. zu bewischen. Es dauerte nicht lange, da kam der erste Rüde, hob das Bein bei Heinrich und nässte diesem an den Stiefel. „Hau app!!" rief Heinrich, „was soll das?" Aber kaum vorbei, da war schon der nächste Rüde an Heinrichs Stiefel interessiert und schaffte es sogar oben hinein zu nässen. Alle Hunde wurden nun angeleint und Ludwig hat den Übeltäter nie preis gegeben.

Ludwigs Geheimnis

Mein Verständnis von der Jagd

„Wenn ihr's nicht fühlt, ihr werdet's nicht erjagen."
Goethe, Faust, 1.Teil

Es war mir immer das größte Vergnügen, alleine, ganz alleine hinaus in Wald und Flur zu ziehen und mit der Natur eins zu werden. Schon als Junge bin ich nicht den anderen zum Fußballplatz gefolgt, sondern habe mich gerne im heimischen Wald aufgehalten. Schon früh habe ich festgestellt, wenn man sich absolut still verhält und kaum bewegt, kann man Beobachtungen machen, die einem beim weiter Erzählen kaum jemand glauben will. So ist wohl auch der Begriff *„Jägerlatein"* entstanden. Die Stille, der heimliche Ansitz, das war mein Jagen. Meinen Schlaf habe ich oft, sehr oft geopfert, um noch zur Nachtzeit hinaus zu gehen, ins Fürstliche Waldrevier, um es zu erleben, wie der Tag erwacht mit all den kleinen und großen Beobachtungen.

Diese Stunden möchte ich nicht missen, es waren die schönsten in meinem Leben. Ich höre heute noch die Geräusche: Jedes Knistern, Rascheln, Zirpen, Grunzen, Scharren, Husten, Singen und Jubilieren. Ich rieche das Moos, im ersten Frühlingserwachen den Seidelbast, den Harzfluss, die Waldblumen im Hochsommer, die reifen Früchte und das Herbstlaub, das sich anschickt zu vermodern, um neuem Leben Nährboden zu bereiten. Und ich habe an der ganz typischen Witterung einen unsichtbar in der Nähe vorbei schnürenden Fuchs bemerkt. Er hat mich wohl viel früher entdeckt, als ich ihn wahrnehmen konnte. Ein winziger Zaunkönig hatte mit seinem lauten Gesang auf sich aufmerksam gemacht und ich bewunderte seine Emsigkeit beim Nestbau.

Viele wunderbare Erlebnisse sind unvergesslich geblieben und die Erinnerungen daran sind heute noch Balsam für die Seele.
Ja, ich habe auch ab und an Beute gemacht, das gehört dazu, zum Jägerleben.

Und jedem Rehbock, jedem Kitz und auch jedem Schwarzkittel habe ich den letzten Bissen gereicht und ihm die Totenwache gehalten, das unterscheidet uns Jäger vom Töten im Schlachthof.

Entscheidend aber war für mich immer ganz einfach das Draußen sein in der geliebten freien Natur, möglichst weit weg von menschlichen Veränderungen und Eingriffe in die natürlichen Abläufe. Irgend ein kluger Mensch hat einmal gesagt: *„Wo die Natur aufhört, da fängt der Unsinn an !"*

Unverständnis

Mir sind viele schöne Erlebnisse und wunderbare Anblicke zuteil geworden, an denen ich mich stets so erfreut habe, dass ich dachte, auch andere Menschen daran teilhaben zu lassen. So habe ich des öfteren nach einem Pirschgang, nach einem Nachtansitz, nach einer Urlaubsreise, wenn es ganz besonders schön gewesen war, Freunden und Bekannten davon erzählt und meine Eindrücke mit allen emotionalen Empfindungen weiter gegeben. Leider habe ich nach einiger Zeit bemerken müssen, dass ich damit nicht nur Verständnis, sondern auch Neid und Missgunst geschürt habe, was mir nicht immer zum Vorteil gereichte. Dabei waren es oft so kleine, einfache Dinge, an denen ich eine so große Freude hatte, wie z.B. das wieder Auftauchen einer Wasseramsel am Mühlbach in meiner Heimat-Gemeinde im Vogelsberg.

Rolf Knieriem aus Gedern hat in den 1980-er Jahren in unermüdlicher, mehrjähriger Arbeit einen Film darüber gemacht und auch ich selbst habe oft lange Zeit am Bach gesessen und diesem emsigen Vogel über und unter Wasser bei seiner Nahrungssuche zugeschaut. Das hat mich stets aufs Neue fasziniert. Bei einer solchen Erzählung hat mich einmal ein Bekannter gefragt: *„Bringt Dir das auch was ein?“* und ich wusste, dass man mich nicht verstanden hatte. So habe ich in meinem Leben gelernt, mich für mich alleine zu freuen und zum stillen Genießer zu werden.

Freund in der Not will nicht viel heißen,
hilfreich möchte sich mancher erweisen,
aber die neidlos ein Glück Dir gönnen,
die kannst Du wahrlich Freunde nennen.

Könnte von mir sein, ist es aber nicht.

Kaans dehaam !!!

Fast dreißig Jahre bin ich Dorfgastwirt gewesen, mit Herz und Seele und es waren mit die schönsten Jahre in meinem Leben. Ich hatte keinen Chef über mir, konnte alles selbst bestimmen, wann geöffnet war und wann ich mei-nen Ruhetag einplante. Ein Wohnzimmer hatte ich nicht, wozu auch, ich hatte ja keine Zeit zum Wohnen, entweder ich war im Gastraum bei meinen Gästen, oder es waren ein paar Stunden tiefer Schlaf fällig. Dennoch wurde jede freie Minute genutzt, um draußen zu sein, in meinem geliebten Waldrevier. Meinen Gastraum hatte ich mir aber so eingerichtet, dass er wie ein Wohnzimmer für mich war, und nicht nur für mich, auch meine Gäste haben sich darin so wohl gefühlt, dass sie immer wieder kamen und es war für viele ein zu Hause geworden.

Viele davon waren nicht nur Gäste, sondern auch langjährige Freunde ge-worden. In den Stunden wenn keine Gäste da waren, gab's in Küche und Keller zu tun und wenn alles seine Ordnung hatte war ich rundum mit mir und der Welt zufrieden. Einen Fernseher hatte ich auch nicht, die Neuigkeiten bezog ich von meinen Gästen und aus der Zeitung. Serien, wie damals üblich, haben mich nicht interessiert. War das eine glückliche Zeit, es gab noch kein Internet und keine Handys; mein Plattenspieler brachte das, was gerade zu den jeweiligen Gästen passte und die Welt war rundum in Ordnung. Irgendwann habe ich es einmal zusammen gerechnet, dass ich als Dorfgastwirt über 20, ja: zwanzig Berufe ausübte.

Der Fuchsbau - Wirt

Ich war Schankkellner, Bierleitungsreiniger, Kellermeister, Putzfrau, Kaltmamsell, Holzhacker, Kaminheizer, Klofrau, Blumenzüchter, Blumenkästen-Pfleger, Fassadenreiniger, Straßenfeger, Kräutergärtner, Dekorateur, Beichtvater, Spengler, Elektriker, DJ, Buchhalter, Einkäufer, Wildpretbeschaffer, Unterhalter und Familienvater. Ganz am Anfang hat mich einmal ein Winzer aus Rheinhessen besucht und er hat mich als erstes gefragt:

„Wann haben Sie Ihren Ruhetag?" Ich war zunächst etwas verblüfft, und habe es ihm gesagt, darauf er: „Am Ruhetag besuche ich keinen Gastwirt und rufe auch nicht an, an dem Tag braucht der Wirt seine Ruhe, die er ja dann doch nicht hat."

An dieses Schlüsselerlebnis habe ich noch oft in meinem späteren Leben gedacht. Eines Tages, genau an solch einem Ruhetag, ein Schild RUHETAG hing deutlich an der Tür, war ich dabei mit Schlapphut und Gummistiefel vorm Haus die Blumenkübel zu reinigen, als ein eleganter Wagen mit Frankfurter Nummer vorfuhr. Ein feiner, junger Mann stieg aus, kam flotten Schrittes auf mich zu und fragte: „Ist der Chef da?" Ich schaute ihn mit dem blödesten Gesicht, das ich damals zur Verfügung hatte an und antwortete: **„Hee?? Kaans dehaam un aich waas naut !!"** So schnell wie dieser feine Herr gekommen war, war er auch wieder verschwunden. Am nächsten Tag, bei geöffnetem Lokal, als ich wie immer mit weißem Hemd und grüner Weste hinterm Tresen stand, erschien dieser Herr tatsächlich wieder, und er musste mich erkannt haben, hat sich aber nichts anmerken lassen. Höflich stellte er sich vor, und versuchte, mir eine hochmoderne Kaffeemaschine zu verkaufen. Acht verschiedene Kaffees waren möglich und sogar, wenn man einen Asbach dazu kippte, ein „Rüdesheimer Kaffee!" Das Ganze hochmodern und mit elegantem Outfit, ich war begeistert und habe mich für das großartige Angebot höflich bedankt und habe das Traumgerät **nicht** gekauft. Wohl aber habe ich ihn ge-lobt für sein perfektes Verkaufsgespräch. Ein gepflegt gezapftes Pils vom Fass, das bei mir immer mindestens sechs Minuten gebraucht hat, – damals hatte man noch Zeit – habe ich ihm angeboten, er hat sich verabschiedet und ich habe mein Pils mit Hochgenuss selbst getrunken.Welch herrliche Zeit in meiner geliebten Dorfkneipe.

Kitzrettung

Die Sonne sandte ihre Strahlen auf Feld und Wald, und es hätte sein können, dass sich nun Mitte Juli die Blattzeit schon bemerkbar macht. So hatte ich es mir am hellen Nachmittag auf einer alten Kanzel bequem gemacht, die gerade einmal zwei Meter hoch einen guten Rundblick im Buchen-Hochwald bot. Geradeaus, ca. einhundert Meter entfernt war eine kleine Laubholz-Dickung mit dichtem Himbeer- und Brombeer-Unterwuchs. Ein leises Lüftchen wehte mir ins Gesicht und nach ca. einer halben Stunde begann ich vorsichtig zu blatten. Das verliebte Fiepen einer Rehgeis pflegte ich stets mit den Lippen ziemlich naturgetreu hin zu bekommen, wie ich es schon oft mit Erfolg praktiziert hatte. So waren mir beide Hände frei für Glas oder Büchse wenn es evtl. schnell gehen musste.

Ich brauchte nicht lange zu warten, da bewegte sich aus der besagten Dickung etwas, aber zu meinem Erstaunen war es kein Bock, sondern eine Ricke. Schritt für Schritt wechselte sie, immer wieder verhoffend, auf mich zu. Als sie nur noch ca. fünfzig Meter entfernt war, äugte sie wie gebannt nach links und schon sah ich von dort einen fast ausge-wachsenen Jungfuchs auf mich zu schnüren. Ein blitzartig hin geworfener Schrotschuss aus meinem Drilling schickte ihn in Bruchteilen von Sekunden in den Fuchshimmel, und er rollte den angrenzenden Hang hinab. Die Ricke hatte den ganzen Vorgang mit angeschaut und stand da wie versteinert. Nach Minuten des Abwartens zog sie unbeirrt weiter, wenige

Meter an meiner Kanzel vorbei und auch vorbei am verendeten Fuchs, den Hang hinab zu einem ebenfalls kleinen Laubholz Strauch und siehe da, ein Kitz gesellte sich zu ihr. Das war ihr Ziel gewesen. Sofort begann das Säugen und ich konnte durchs Glas deutlich erkennen, dass das Kitz einen leicht verschmutzten Spiegel hatte, also an einem Durchfall litt. Das war wohl auch der Grund, weshalb es der Fuchs in die Nase bekommen hatte, denn ein gesundes Kitz gibt niemals eine Witterung ab. Das hat die Natur nun einmal so eingerichtet, wie so viele andere Dinge, die man draußen bewundern kann. Beide gemeinsam, Mutter und Kitz wechselten nun ruhig zurück, den Hang hinauf, wenige Schritte an meiner Kanzel vorbei, hin zur Kinderstube, wo vorher die Mutter-Geiß ihre Mittagsruhe gehalten hatte.

Die alte, erfahrene Reh-Geiß muss es einfach gefühlt haben, dass von mir nur Gutes zu erwarten war, und ich ihr Kitz vor dem sicheren Tod retten wollte, und es auch getan habe, anders kann ich mir ihr Verhalten nicht erklären. Wieder einmal war ich im stillen Waldrevier um ein Erlebnis reicher geworden, das so ganz von der normalen Logik von uns Menschen abweicht. Und wieder einmal werden diejenigen sich im Recht fühlen, die da sagen: *„Das gibt es doch gar nicht, das ist wieder echtes Jäger-Latein.* Dennoch kann ich mit gutem Gewissen entgegnen: *Genau so habe ich es erlebt, in meinem geliebten Fürstlichen Merkenfritzer Waldrevier.*

Sport im Wald

Es war Ende der 1980er Jahre, als Oberförster Helmut Daubert im Buchenaltholz des Wolfhain kleine Schonungen, gerade einmal hundert mal hundert Meter, errichten ließ. Dort wurde zwar nicht angepflanzt, aber man wollte sehen, ob sich ganz von selbst ein Unterwuchs, also eine Naturverjüngung entwickeln würde. Und siehe da, nach drei Jahren wuchsen bereits einige kleine Buchen heran, weil hier kein Rehwildverbiss möglich war. Zu so einer grünen Insel im hohen Wald hatte es ein Schmalreh geschafft, irgend eine kleine Lücke zu finden um doch hinein zu gelangen. Jeden Abend im letzten Büchsenlicht erschien wie aus dem Nichts die Schlaue, wechselte ein Stück am Zaun entlang um ganz plötzlich mit einem tiefen Knicks hinein zu schlüpfen in die Schonung. Mein Auftrag als Jäger lautete, diese Ricke so bald als möglich zu erlegen, denn sie würde auch beim noch so sicheren Abdichten des Zaunes sicher immer wieder eine Lücke finden, um hinein zu kommen. So saß ich dann in guter Schussentfernung auf einer Kanzel und harrte der Dinge, die da kommen sollten. Gerade als das Büchsenlicht sich anschickte, langsam zu verschwinden, erschien die besagte Rehgeiß und ich machte mich fertig zum Schuss. Im Zielfernrohr erkannte ich plötzlich ein hellblaues Etwas, das sich auf und ab bewegte in der Verlängerung meiner Schussrichtung. Sofort stellte ich den gesicherten Drilling in die Kanzel-Ecke, nahm mein starkes Glas vor die Augen und traute meinen Augen nicht.

Ich erkannte einen Jogger mit einem hellblauen Käppchen, der da in der Abenddämmerung ganz unbekümmert durch den Wald trabte. Nachdem ich mehrmals tief durchgeatmet hatte, sah ich ihn nur noch in der Ferne verschwinden. Ich wollte an diesem Abend keinen Schuss mehr abgeben. Sport ist eine gesunde Sache, dachte ich mir, und in der guten Waldluft besonders, aber in der aller letzten Abenddämmerung kann Sport sogar tödlich sein. Deshalb, liebe Jogger, Mountainbiker und sonstige Wald-Sportler: Bitte treibt Euren Sport überall, nur nicht im stillen Wald, und schon gar nicht in der Dämmerung zur Jagdzeit, bitte !!!

Die Ricke habe ich dann am nächsten Tag in aller Ruhe ohne Jogger erlegt.

Baum-Schicksale

Schon immer hatte ich einen besonderen Bezug zu Bäumen. So habe ich bei der Geburt meiner Kinder in meinem Garten jedem einen Baum gepflanzt, die inzwischen beide zu stattlichen Riesen heran gewachsen sind. Bei meinen Wanderungen durch Wälder habe ich auch manchen Baum wachsen sehen und bei den späteren Stürmen fallen sehen. Nach dem furchtbaren Sturm am 1.3.1990, Wiebke genannt, bin ich auf den noch begehbaren Wegen und Pfaden durch den völlig danieder liegenden Wald gewandert und habe geweint. Der schöne Wald war nur noch ein Trümmerfeld. Heute, fast dreißig Jahre danach muss ich erkennen, die Natur steht immer wieder auf und hilft sich selbst. Ein neuer Wald ist entstanden.

Nachdem ich nach dem Tod meiner Mutter eine Wiese mit einem Obstbaum Bestand geerbt hatte, begann ich diesen zu vervollkommnen. Mein Vorgänger -Patenonkel- hatte in meinem Geburtsjahr 1938, noch kurz bevor er in den Krieg gezogen wurde, einige Apfelbäume gepflanzt, die mir teilweise noch heute reiche Ernte schenken. Er ist ein weitsichtiger Mensch gewesen und ich danke ihm heute noch jedes Mal wenn ich diese Bäume sehe. Ein Kuriosum in den Augen der meisten Beobachter habe ich mir dann geleistet. Als mein erster Enkelsohn geboren wurde habe ich auch diesem einen Baum gepflanzt. Es sollte ein Baum sein mit einer besonderen Beziehung zur Person. In einem keltischen Baumhoroskop fand ich *seinen* Baum. Eine Trauerweide!

Die Trauerweide

Für Jedermann völlig unverständlich steht jetzt inmitten einer Streuobstwiese eine Trauerweide. Als ich ihm seinen Baum gezeigt habe sagte er mir eines Tages, - er war gerade zur Schule gekommen-: Opa, ich hätte aber gern einen Baum, der Früchte trägt, da habe ich ihm noch einen Apfelbaum in die Nähe dazu gepflanzt. Das ist aber nicht die ganze Geschichte von diesem Baum. Mein Enkel ist erwachsen geworden und seine große Jugendliebe ist ihm noch vor der Hochzeit schwer erkrankt und kurz danach verstorben. Große Trauer war angesagt. War es die Trauerweide? ---- Ein neues Glück hat sich eingestellt und ich hoffe, irgendwann einem Urenkel einen Baum pflanzen zu können.

Nachdem ich einer weiteren Enkelin *ihren* keltischen Nussbaum gepflanzt hatte, bin ich dazu über gegangen, die nächsten Enkelkinder nach ein paar Jahren selbst nach ihren Wünschen zu fragen und einen entsprechenden Baum zu pflanzen. So wachsen nun dort Apfel-, Kirsch-, Nuss-, Maronen- und Pflaumenbäume einträchtig neben einander und die Trauerweide bewacht sie alle.

Ein anderes Baum-Schicksal war nur von kurzer Dauer. Beim Beginn dieser unseligen Zeit ab 1933 in Deutschland haben begeisterte Anhänger dieser damaligen Bewegung an einer exponierten Stelle am Ortsausgang eines kleinen Dörfchens eine sogenannte „Hitler-Eiche gepflanzt. Nur zwölf Jahre später, als der Spuk beendet war, haben die gleichen Leute, die das Bäumchen einst gepflanzt hatten, es nun wieder umgesägt. Armes Bäumchen! Heute wächst dort eine Schwarzdorn-Hecke und anderes Gebüsch, es ist ein Biotop geworden, in dem viele Singvögel und Kleintiere ein zu Hause gefunden haben. Die Natur hilft sich selbst.

Eine fast lustige Baumgeschichte möchte ich noch anfügen: Bei der Vorbereitung zum Neubau eines Wohnhauses, das eines meiner Kinder gebaut hat, war vor Baubeginn auch das Gutachten der Unteren Naturschutz Behörde notwendig geworden. Der Chef dieses Amtes (ein fachkundiger Biologe) erschien dann eines Tages vor Ort, besichtigte das Grundstück und meinte, auf einen bestimmten Baum zeigend: *„Dieser Ahorn hier muss aber unbedingt erhalten bleiben!"* Darauf habe ich ihm geantwortet: *„Dieser Ahorn ist eine Roteiche, Herr Rat."* Mit einer Kehrtwendung hat sich dieser Herr Amtsvorsteher verabschiedet, die Baugenehmigung ist erteilt worden und die Roteiche ist als Ahornbaum bis heute erhalten geblieben.

Das ist gewissermaßen der Vorspann der nun folgenden Geschichte.

Deutsche Tugenden

Bei so vielen Stunden, die man auf dem Ansitz in aller Ruhe verbracht hat, kommen immer wieder Erinnerungen hoch, die oft wie ein Film vor einem ablaufen. So geschah es dereinst, als ich mit meinem Jagdfreund Johannes in den Österreichischen Bergen angekommen, von dem dortigen Jagdführer mit den Worten begrüßt wurde: *„Grüaß Gott, und Waidmannsheil! G'standne Burschen seid's, ihr deitschen Jager, guat so! Kennt's glei wieder an Kriag ohfanga! Ha,- Ha,- Ha!!*! - Natürlich war das nicht böse gemeint, denn wie sich herausstellte, war der Jäger ein sehr humorvoller Mensch und uns sehr wohl gesonnen. Was mir besonders aufgefallen ist, man wurde als Deutscher Jäger mit großem Respekt behandelt, wusste man es doch sehr zu schätzen, dass man hier im Lande eine strenge Jägerprüfung ablegen muss, um Jäger zu werden. Das ist, jedenfalls war es damals so, offensichtlich nicht in jedem Land der Welt der Fall.

Auch am anderen Ende der Welt, im hohen Norden Alaskas wurde ich sehr respektvoll und mit großer Gastfreundschaft aufgenommen. Im Handumdrehen gehörte ich dazu. Die Gastgeberin war eine echte Eskimo-Frau, also eine Native. Sie war nicht nur eine gute Köchin, sondern auch künstlerisch begabt und fertigte Figuren aus Speckstein und nähte Stiefel und Kleidungsstücke aus verschiedenen Fellen, die mit Perlen bestickt wurden.

Am Koyukuk in Alaska

Beide Kinder hatten Deutsche Namen: Robert und Christa. Der Herr des Hauses, mein Jagdführer John war ein weißer Aussteiger aus Minnesota, der sich vorgenommen hatte, nie mehr im Leben vor einer Ampel zu stehen. Er war Buschpilot, hatte eine Lizenz als Trapper, genoss einen sehr guten Ruf als amtlich bestätigter Jagdführer und betätigte sich in dem kurzen Sommer als Goldwäscher in seinem Claim. *„Hast du ein Feuerchen, dann bist du nicht alleine und hast immer einen guten Freund!"* Das war stets sein Spruch, wenn wir draußen übernachten mussten.

Am Lagerfeuer ergaben sich meist stundenlange Gespräche, denen ich entnehmen konnte, dass man auch hier als Deutscher Jäger mit Respekt behandelt wurde.

Erstaunt war ich auch, wie gut diese Leute ohne Fernseher und Zeitung über die weltpolitische Lage informiert waren. Sie kannten die Deutschen Probleme mit dem eisernen Vorhang und auch die Berliner Mauer. Vor allem kannten Sie nicht nur die Deutsche Jagdethik, sondern wussten auch Deutsche Tugenden, wie z.B. Pünktlichkeit, Ordnung und Disziplin sehr zu schätzen. Was sie allerdings sehr erstaunte war, dass es in Deutschland für alles und jede Kleinigkeit eine Vorschrift, eine Verordnung, ein Gesetz, ein Amt und eine Behörde gibt. Meinen Erzählungen haben sie mit großem Erstaunen gelauscht und das war im Jahre 1978.

Heute, im Jahre 2018, genau vierzig Jahre später, könnte ich mit noch absurderen Geschichten aufwarten, dazu hier nur ein Beispiel: Ein Vogelsberger, altes Gasthaus wechselte in wenigen Jahren mehrmals die Betreiber und jedes Mal musste erneut eine neue Konzession erteilt werden. So geschah es eines Tages, dass vom zuständigen Bauamt von einer Frau Wiegand im Keller der Einbau einer FH-Tür gefordert wurde, sonst würde es der zuständige Schornsteinfegermeister nicht abnehmen, so die Begründung. Die Tür wurde mit hohen Kosten im Keller eingebaut. Als der besagte Bezirksschornsteinfegermeister erschien, war dieser über die neue Tür sehr verwundert, da diese erst ab einer Heizungsanlage von 50 KW und mehr nötig gewesen wäre, sie hat aber nur 48 KW.

Daher sein Spruch, den ich nie vergessen werde: *„Diese Anlage können sie in die Schlafstube stellen, und einen Sack davor hängen, da nehme ich sie ihnen auch ab!"* Leider war die Bauamtsauflage nur mündlich erteilt worden, sonst hätte sehr wahrscheinlich diese Frau Wiegand vom Bauamt die Tür bezahlt, und nicht der ohnehin schon gestrafte Hauseigentümer. So sind mit immer neuen Auflagen durch Umbauten und Veränderungen in wenigen Jahren nicht nur Sitzplätze verloren gegangen, sondern ist auch der besondere Scharm dieser originellen Gastronomie, die in weitem Umkreis eine Besonderheit darstellte, zu einem großen Teil zerstört worden. Dieses Beispiel zeigt, dass die Deutsche Gründlichkeit von Ämtern und Behörden oft missbraucht wird und nicht immer positiv zu bewerten ist.

Wolfhain-Jagd

Schon als kleiner Junge kam ich zum Beeren sammeln in den Wolfhain. Nichts war so köstlich, wie die kleinen Walderdbeeren und wir Buben wussten genau, wo die besten Plätze waren. In den ersten Nachkriegsjahren lernten wir dann von den zugezogenen Heimatver-triebenen die essbaren Pilze kennen und finden. Auch kann ich mich noch genau an den extrem trockenen Sommer 1947 erinnern. Sogar das Gras für das Vieh war so knapp geworden, dass mein Cousin und ich, nach der Schule, jeder mit einer Kuh am Seil in den Wald geschickt wurden, um die Tiere an den Wegrändern satt zu hüten. Dabei konnten wir den Eichhörnchen zusehen und entdeckten so manches Spechtloch mit den piepsenden Jungvögeln darin.

Wo ein Bussard immer wieder die gleiche Stelle ansteuerte und auch Beute in seinen Fängen trug, konnten wir uns nicht satt sehen. Das alles waren für uns Buben prägende Erlebnisse, die sich in uns fest gesetzt hatten. Stets waren wir bemüht, möglichst leise zu sein und dennoch erklang bisweilen das laute Schrecken eines Rehbockes, der sich beschwerte, weil wir in sein Reich eingedrungen waren. Eine bestimmte Stelle umgingen wir jedoch stets mit einem gewissen Unbehagen. Es war die Gegend rund um den Förster Maul Gedenkstein. Hier hatte ein Wildschütz im Jahre 1921 den Förster Heinrich Maul erschossen und der Mörder war niemals dingfest gemacht worden. Die Gegend hatte für uns etwas Unheimliches.

GEDENKSTEIN
FÜR
HEGEMEISTER
HEINRICH
MAUL
15.7.1921

Genau diese, etwas düstere Waldecke hatte natürlich für mich viele Jahre später ihren besonderen Reiz. Hier war es besonders still und versprach besonderen Anblick. So kam es, dass mir in der Blattzeit in den 1980er Jahren ein etwas schwächlicher Rehbock aufs Blatten kam, der etwas eigenartige Kopfbewegungen machte. Zunächst war ich der Meinung, Rachenbremsen würden ihn quälen, was sich nach der Erlegung aber nicht bestätigte. Am Nasenbein war ein runder Forkelstich zu erkennen und der gesamte Knochen war von einer früheren Verletzung angeschwollen. Der arme Kerl muss längere Zeit starke Schmerzen ausgehalten haben und nun war er erlöst. Wer war der Übeltäter?

Etwa zweihundert Meter Luftlinie oberhalb stand ein stabiler Hochsitz und dort waren auch die Markierungen eines Rehbockes zu erkennen. Fege- und Plätzstellen deuteten darauf hin, dass hier ein arger Wüterich sein Wesen trieb. So oft ich mich aber dort ansetzte, ich bekam ihn nie zu Gesicht. So entschloss ich mich, an einem freien Tag von morgens früh bis zum Abend dort auszuharren. Irgendwann musste er ja kommen. Ich erinnere mich noch genau an jenen heißen Augusttag, als es plötzlich dunkel wurde und ein heftiges Gewitter hernieder ging. Die Kanzel hatte ein stabiles Dach und ich blieb sitzen. Das würde ich heute nie wieder tun, da ja mein Drilling weit und breit das einzige Metallteil war und für den Blitz sicher ein Anziehungspunkt.

Und es ist kaum zu glauben, es folgte an diesem Tag ein Gewitter nach dem anderen, und so wurde diese Kanzel seit jenem Tag die „Viergewit-

Der Geforkelte

ter-Kanzel" genannt. Den geheimnisvollen Wüterich hatte ich immer noch nicht zu Gesicht bekommen. Erst einige Tage später kam mir wie so oft der Zufall zur Hilfe, als ich bei einem Pirschgang den vermeintlich Gesuchten auf über einhundert Schritt zwischen den hohen Buchen kräftig fegen sah. Nach einem äußerst vorsichtigen Anpirschen, von Baum zu Baum, konnte ich ihn erlegen. Wie ich bereits vorher erkannt hatte, hatte er nur eine endenlose Stange, die wie ein Spieß nach vorne ragte und sicherlich eine tödliche Waffe für jeden Rivalen war.

Bei der Erzählung um diese „Viergewitter-Kanzel" fällt mir noch eine Geschichte ein, die uns am Stammtisch damals Herr Forstverwalter Sickfeld erzählte. Am Gaulskopf hatte er sich auf eine kleine Leiter gesetzt, die an einer einzelnen Fichte angelehnt stand. Als er von weitem ein Gewitter aufziehen sah, hat er seinen Ansitz abgebrochen und diese Leiter verlassen. Als er am nächsten Tag wieder zum Gaulskopf kam, musste er feststellen, dass ein Blitz die einzelne Fichte der Länge nach gespalten hatte und von der kleinen Leiter nur noch ein paar klägliche Reste am Boden verstreut waren. Hätte ich diese Geschichte früher gekannt, wäre die von mir getaufte „Viergewitter-Kanzel" nie zu ihrem Namen gekommen.

Der Mörder

Erster Mai in Reichelsheim

Es war zur Tradition geworden, am ersten Mai (früher war es der 16.5.) in Reichelsheim die Jagd auf den Rehbock zu eröffnen. Oskar Hubl und Dieter Mühlig waren Gastgeber und wir trafen uns um vier Uhr früh am Waldrand. Wir, das waren ca. ein Dutzend Jäger, die mit den beiden Beständern gut befreundet waren. Nach kurzer Begrüßung und Ansprache, meist von Dieter Mühlig, wurde einjeder zu seinem Ansitz begleitet. Frei zum Abschuss waren Rehböcke und Schmalrehe, sowie Sauen außer führende Bachen. Das war und ist für jeden Jäger ohnehin eine Selbstverständlichkeit.

Gerne erinnere ich mich an die Zusammenkunft nach dem Ansitz, wo im Wald zu einem gemeinsamen Frühstück geladen wurde.

Bei hausmacher Wurst aus der Wetterau und für die, die nicht mit dem Auto fahren mussten auch Bier und Schnaps. Es muss auch erwähnt werden, dass Fiorino, ein Gastjäger aus Italien immer einen guten Südtiroler Tropfen mitgebracht hatte, und dazu einige seiner Südtiroler Schmankerln. Der wohlerzogene und weit berühmte Hund von Knut Hildebrand freute sich über jeden Happen, der vom Klapptisch fiel, und wenn dann Oskar noch sein Akkordeon auspackte, ja, dann war die Welt rings herum in Ordnung. Zur allgemeinen Belustigung ergab sich dann noch Gitarren-Klang mit den urigen Versen der Alten-Rittersleut vom Fuchsbau-Wirt, der hier nur der „Bärwurz-Kall" genannt wurde.

Das Reichelsheimer Waldrevier habe ich immer als besonders gepflegt wahrgenommen, jede Kanzel hatte einen Namen, der im Inneren verzeichnet war und auch einen besonderen Bezug zu diesem Hochsitz hatte. Auch an der gesamten Bauweise war unschwer zu erkennen, dass hier ein Schreiner solide Arbeit geleistet hatte, das ist nicht überall so. Saubere Pirsch-Wege führten bei völliger Dunkelheit lautlos zum Ziel. So geschah es an einem ersten Mai, dass ich den „Weitblick" bezogen hatte, von dem man wirklich im lichten Buchen-Altholz rundum einen weiten Blick hatte. Bei völliger Dunkelheit genoss ich das Tageserwachen und den damals noch vorhandenen Vogelgesang mit seinen tausend Stimmen.

Im allerersten Büchsenlicht bemerkte ich in gut einhundert Meter Entfernung eine Bewegung. Aus den knapp kniehohen Buchenrauschen ragte ein dunkler Wildkörper heraus und alsbald erkannte ich:
Hier bricht eine starke, einzelne Sau, —- also ein Keiler. Der Entschluss war gefasst, das war DIE Chance, den Keiler meines Lebens zu erlegen. Mein Drilling war bereits im Anschlag, ich wollte aber warten, bis die Sau völlig frei stand, da ich keine gewagten Schuss riskieren wollte. Auf der von Unterwuchs freien Fläche bemerkte ich plötzlich, dass da noch mehr Bewegung war, und siehe da, es tauchten eins, zwei, drei und immer mehr winzig kleine, gestreifte Wutzchen auf, Frischlinge die gerade einmal ein oder zwei Tage alt sein konnten. Oh-!Je!
Mir stockte das Herz. Drilling gesichert, in die Ecke gestellt, und eine weitere halbe Stunde hatte ich einen der schönsten Anblicke meines Le-

bens. Was wäre gewesen, wenn ich ein übereilter, Schusshitziger Schütze wäre? Nicht auszudenken!!! Es muss einen mächtigen Plumps getan haben, als mir ein dicker Stein von Herzen gefallen ist und sehr zufrieden mit mir selbst bin ich zum anschließenden gemeinsamen Waldfrühstück gegangen und habe mein Erlebnis den gespannt zuhörenden Jagdfreunden berichtet. Auch das ist mein Verständnis von glücklichem Waidmannsheil, Hubertus sei Dank. Dieses Ansitz-Erlebnis hat mir mehr bedeutet als jede Jagdtrophäe.

Reichelsheimer Mai-Erlebnis

Balje - der Deichgraf

Einige ganz besondere Jagderlebnisse hat mir ebenfalls mein Freund Johannes Gutmann beschert. So durfte ich den nördlichsten Teil Deutschlands jagdlich kennen lernen, und das kam so: Ein mit ihm befreundeter Gutsbesitzer, Baron von der Decken, hatte eine Eigenjagd, wozu auch ein Stück Watten-Meer dazu gehörte. Ab ersten August war dort die Entenjagd und am ersten Oktober die Jagd auf Graugänse angesagt. Als ich das erste Mal mitfuhr, sah ich es für richtig an, der Frau Baronin, bei der wir nun auf dem Gutshof wohnen würden, einen Blumenstrauß mitzubringen, was dann auch geschah. Frau Baronin bedankte sich und bemerkte so ganz nebenbei auf ihre lockere Art: *"Beim nächsten Mal bringen Sie mir aber bitte 'ne Flasche Schnaps mit."* So haben dann auch meine Freunde im hohen Norden den im Fuchsbau bereits wohlbekannten Bärwurz aus dem Bayerischen Wald kennen gelernt, das Eis war gebrochen und eine jahrelange Freundschaft war entstanden.

Die Jagd selbst gestaltete sich zunächst gewöhnungsbedürftig. Wir fuhren in Richtung Elbmündung, wo bereits Ebbe und Flut den Tagesablauf und somit auch unsere Jagd bestimmen sollten. Ein Sommerdeich wurde überquert, und danach folgte nach einem weiteren Kilometer ein riesiger Außendeich. Nun standen wir quasi vor einem wilden Watt-Meer, das mit dem bekannten Badestrand-Watt nicht zu vergleichen ist.
Weit draußen in der Fahrrinne schoben sich riesige Ozeanschiffe nach Süden in Richtung Hamburg vorbei. Über uns klingelte immer wieder

das ein oder andere Enten-Schof vorüber, auf das wir später aus den vorgelagerten, kleinen Schilf-Inseln zu Schuss kommen sollten. Dort hin zu gelangen war gar nicht so einfach, denn es stellte sich heraus, dass es immer wieder gewisse Stellen gab, wo der Watt-Untergrund plötzlich nachgab, und man sich beeilen musste, um nicht zu versinken. Der mitgeführte einheimische Apportierhund kannte allerdings diese Stellen genau und man brauchte nur seiner Spur nachzugehen, um sicher zu einer der Schilf-Inseln zu gelangen. Als Sitzgelegenheit hatten wir einen großen Plastikbehälter hinter uns her gezogen, denn dieser hatte den Vorteil, über Stunden kaum oder gar nicht im weichen Untergrund einzusinken. So konnten wir, jeder in seiner Schilf-Insel, die vorüber brausenden Enten erwarten und befeuern.

Der bereits erwähnte einheimische Hund blickte mich am Anfang jedes Mal sehr vorwurfsvoll an, wenn nach meinem Schuss die Ente munter weiter strich, bis ich dann irgendwann das richtige Vorhalte-Maß heraus hatte. Draußen an der Fahrrinne, so hatte man uns erklärt, sieht man eine Boje mit einer Fahne. Solange die Fahne nach Norden zeigt, läuft das Wasser ab, stellt sie sich aber senkrecht und kippt dann nach Süden um, dann ist es Zeit, die Insel zu verlassen und zurück an Land zu gehen, dann kommt die Flut und dann hilft uns auch die bis unter die Arme reichende Watt-Hose vor dem Ersaufen nicht. Der Hund zeigt uns aber auch schon vorher an, wann wir zurück an Land müssen. Bei Nebel und schlechter Bojen-Sicht ist unser vierbeiniger Jagdgefährte, wie so oft ein unverzichtbarer, treuer Gehilfe.

Kurz vor einem unserer Oktober-Besuche hatte es eine sogenannte Springflut gegeben und es war allerlei Strandgut angeschwemmt worden. Nach altem, verbrieftem Brauch, so hatte uns Klaus von der Decken, der auch Deichgraf war, erklärt, ist angeschwemmtes Strandgut rechtmäßiges Eigentum des Anrainers. Es soll in früheren Zeiten vorgekommen sein, dass die Bojen verschoben wurden, damit möglichst viele Schiffe auf Grund liefen, um sie dann auszurauben. Auch der Pastor hat angeblich in seinem Gebet nie vergessen, einzufügen: *„Gott gebe uns einen guten Strand!"* - Diesmal aber war ein toter Seehund angeschwemmt worden, den wir zusammen mit unserem Gastgeber zu bergen hatten. Das war eine ziemlich stinkige Angelegenheit. Das tote Tier sollte in einer hinteren Ecke des Gutshofes von den Ameisen vertilgt werden, und danach sollte das gebleichte Skelett an eine Schule als Anschauungsmaterial gespendet werden. Eigentlich eine gute Idee. Als wir ein Jahr danach wieder zu Gast waren berichtete mir auf Anfrage die Hausherrin in ihrem norddeutschen Platt wo ST und SP noch wie die Schrift gesprochen werden: *„Ein ganzes Jahr hat dieses STinktier vor sich hin geSTunken und danach war die Haut so fest verklebt, dass wir es doch noch beerdigen mussten! Immer hat mein Mann sonne verrückte Ideen!"*

Solche und ähnliche Geschichten haben wir bei großer Gastfreundschaft auf dem Gutshof Rosenkranz bei der Elbmündung an der Waterkant erlebt, für die ich sehr dankbar bin. Auch das Jagderlebnis auf einen balzenden Birkhahn im Aalenmoor habe ich ihm zu verdanken.

Zum Schluss muss noch erwähnt werden, dass Klaus von der Decken uns bei einem Zwischenstopp im Vogelsberg besucht hat, als er mit seinem neu erworbenen Unimog von Stuttgart auf Feldwegen mit 40 km/h bis an die Nordsee gefahren ist. Als er zu später Stunde eintraf und wir ihm seinen geliebten süßen Haferbrei servierten hat er uns vorgeschwärmt, wie schön doch unser Deutschland ist. Er war ein liebenswertes Original. Danke, dass ich ihn erleben durfte.

Der Drahtbock

In meiner Geschichte „Sport im Wald" habe ich bereits von den kleinen Draht-Schonungen im Wolfhain berichtet, die in den 1980er Jahren errichtet worden waren. Hier trifft wieder ein uralter Spruch zu: Wo viel Licht ist, ist auch viel Schatten. Förster Daubert hatte es damals besonders gut gemeint und einen verzinkten Draht benutzt, der auch länger hält. Was allerdings niemand voraussehen konnte, haben im Jahre 1990 die wütenden Stürme den gesamten Wald nieder gewalzt und auch die kleinen Schonungen im Erdreich verschwinden lassen. So kam es, dass Jahre später wieder ein neuer Wald gewachsen war und an manchen Stellen müssen wohl noch Drahtfetzen aus dem Erdreich geschaut haben. Anders ist es nicht zu erklären, dass sich ein Rehbock sein Gehörn so zurichten konnte, wie es der abgebildete getan hat. Wieder einmal hatte ich an Pirsch-Zeichen, wie Fegen und Plätzen festgestellt, das hier ein Bock zu Hause war, aber zu Gesicht bekommen hatte ich ihn noch nicht. Erst nach dem Anlegen einer Salzlecke, die alsbald angenom-men, war und unzähligen Ansitzen konnte ich den Heimlichen erlegen. Er muss wohl lange gelitten haben, denn sogar die linke Stange war vermutlich in einem Draht hängend aus dem Schädelknochen gebrochen. Auch hier hat durch Erlegen eine Erlösung stattgefunden. Es war mein Letzter im Merkenfritzer Wolfhain. Waidmannsdank.

Der Drahtbock

Ohne Fleiß kein Preis

Im Wolfhain gibt es eine schöne Waldwiese, die Glashütte genannt. Um eine wirklich wertvolle Äsungsfläche daraus zu machen wurde ein Traktor angeschafft und zunächst durch Planierarbeiten die gesamte Fläche schön geebnet. Im Spätsommer, nachdem alle Gräser und Blumen verblüht waren wurde dann gemäht und es fand eine echte Heuernte statt. Bio-Heu, denn hier ist nie eine Spritze oder sonstige Chemie zum Einsatz gekommen. Jetzt hatte ich auch Rauhfutter für das Rehwild im Winter. Schon im zweiten Frühjahr erstrahlte die Glashüttenwiese in saftigem Grün und es wuchsen Kräuter und Blumen, die es auf den landwirtschaftlich genutzten Flächen schon lange nicht mehr gibt.

Unter der Leitung von Förster H. Daubert entstand am Rande eine kleine Kanzel, sodass die gesamte Fläche gut einsehbar war, und siehe da, das Rehwild hatte seine eigene Apotheke alsbald entdeckt und erschien regelmäßig auf unserer neu hergerichteten Äsungsfläche. Die Arbeit hatte sich also gelohnt. Auch das gehört dazu, wie zu dieser Zeit in der PIRSCH immer wieder zu lesen war:
„Jagd ist angewandter Naturschutz."

Schwiegersohn Matthias und Enkel Marc

Unser Dorf soll schöner werden

„Wenn schon von den Gremien außer Sprüchen nichts kommt, dann müssen wir Jäger es eben in die Hand nehmen". Auch die örtlichen Natur- und Vogelschützer hatten eine Mitarbeit abgelehnt mit den Worten: "Wir sind doch keine Müllmänner!" So oder ähnlich waren die Worte von Ober-Förster Helmut Daubert. Also wurde ein Termin vereinbart, wann die Aktion „Saubere Landschaft" starten sollte. Immerhin hatte uns Bürgermeister Medebach (1989) von Hirzenhain damals zugesichert, einen großen Container zu beschaffen und auch für den Abtransport durch die Gemeinde aufzukommen. Das hat auch funktioniert. Es ist kaum zu beschreiben, was an den Waldrändern, in Hecken und in Gräben alles entsorgt worden war. Vom Ölofen bis zum Kühlschrank, halbe Wohnungseinrichtungen, Drahtverwicklungen von ehemaligen Weidezäunen und und und wurden mühsam hervorgezerrt und bis zum Abend war der tonnenschwere Container randvoll und die Landschaft rund um den Birsteiner Wald wieder sauber. Belohnung muss sein, nun wurde noch ein Lagerfeuer entzündet, der Herr Bürgermeister und die Presse waren natürlich auch gekommen, denn der Fuchsbau-Wirt hatte zu einer kräftigen Jause eingeladen. Ein zünftiger Umtrunk brachte die ganze Aktion zu einem feucht, fröhlichen Ende. Wir alle sind uns sicher, bis heute: Der Dank des Vaterlandes ist uns gewiss. Mit den richtigen Mitwirkenden würde ich es wieder tun.

Matthias u. Ob.Fö. Daubert mit Sohn Jörg

Gamsjagern in den Bergen

Eine Annonce in der PIRSCH hatte mir den Weg nach Österreich gezeigt, um dort auf Gamsjagd zu gehen. Es war mein sehnlichster Wunsch gewesen, einmal in den Bergen zu jagen, dort wo in grandioser Bergwelt nur mit großer Anstrengung ein Waidmannsheil zu stande kommen kann. In Filzmoos in der Bischofsmütze, einem urigen, romantischen Hotel an der Mandling, von einem Jäger betrieben und noch dazu das älteste Haus im Ort war ich freundlich aufgenommen worden. Drei Söhne hatte die Familie Steinbacher, der älteste war der Skiläufer, der mittlere der Jäger und der jüngste der Angler, der auch für stets frische Forellen aus der Mandling sorgte.

Mit Matthias, dem Jäger hatte ich das Gasthof Plateau, ein ca. eintausend Hektar großes Jagdrevier der Stiegel Brauerei in den Tauern aufgesucht, das nur mit großer Mühe zu erreichen war. Oben angekommen musste man in einer sogenannten Biwak-Schachtel übernachten. Diese Holzhütte, ca. 2x3 Meter groß war an allen vier Ecken mit Drahtseilen festgezurrt, um dem Wind zu trotzen. Ein Abstieg am selben Tag war nicht möglich. Zu Schuss gekommen war ich auch beim zweiten Anlauf nicht, jedoch war für mich das Erlebnis, dort gewesen zu sein, Belohnung genug. Großes Ansehen genoss ich von nun an bei der heimischen Jägerschaft. Nicht alle waren jemals in diesem Revier gewesen. Auch war es für mich nun eine besondere Ehre am Jägerstammtisch fast wie ein Einheimischer behandelt zu werden. Um den gewünschten Abschuss zu er-

Hotel Bischofsmütze der Fam. Steinbacher, Filzmoos 1976

halten, hat mich nun ein junger Jäger begleitet und zu weniger anstrengenden Ansitzen geführt. Mehrmals konnten wir eine Gamsgeis beobachten, die sowohl morgens als auch des abends zu einer Salzlecke zog, um dort gierig zu lecken. Jäger Moser meinte, es sei eine Kitzgeis mit durchhängendem Rücken, jedoch bekamen wir das Kitz nie zu sehen. Ob es ein Adler geholt hat, oder ob es abgestürzt ist, wer weiß? Am letzten Abend vor meiner Abreise meinte der Jäger: *„Schiaßen's die Goas, damit's net als Schneider hoam fahrn müassn, auf meine Verantwortung!"* Ich habe verweigert, weil wir nicht sicher waren, ob nicht doch im Verborgenen ein Kitz vorhanden sein könnte.

Dieses Verhalten am abendlichen Stammtisch berichtet, veranlasste meinen Gastgeber Christian Steinbacher zu dem Spruch: *„Wissen's wos, I lod sie ei im Herbst, in der Brunft und sorg dafür, dass an guadn Bock erlegen!"* Bei meinem nächsten Besuch erfuhr ich: *„Unser Bürgermeister und Mitpächter Kirchgasser hat die Goas übrigens einige Tage nach ihrer Verweigerung erlegt, sie hatte ein abgestorbenes Kitz bei sich und wäre alsbald sicher elend verendet."* Mit Ch. Steinbacher war ich am ersten Tag in kniehohem Neuschnee unterwegs und abends totmüde, ohne Erfolg. Am zweiten Tag hatte sich Wastl Lackner, ein alter, erfahrener Jäger bereit erklärt, mich zu führen. Schon beim Angehen kam uns ein starker Gamsbock und ohne große Mühen hatte ich das lang ersehnte Waidmannsheil.

Auf dem Weg zum
Gasthof-Plateau

Am Abend wurde natürlich kräftig gefeiert, und es war bei den Filzmooser Jägern eine dicke Freundschaft entstanden. Auch war von Anfang an meine Gitarre zum Einsatz gekommen und der von mir gut eingeübte Erzherzog Johann Jodler machte großen Eindruck. Weitere Urlaube folgten, bis meine Familie leider immer neue Urlaubsziele be-vorzugte und der Kontakt nach Filzmoos nicht mehr erwünscht war und sogar strikt abgelehnt wurde. Ich habe mich, um des lieben Friedens willen, nicht durchsetzen können. Schade eigentlich, - Filzmoos war auf dem besten Wege, meine zweite Heimat zu werden. Bei einem kurzen Besuch nach über vierzig Jahren habe ich den Ort kaum noch erkannt. Das urige Hotel Bischofsmütze ist einem modernen Neubau gewichen, die alten Freunde habe ich auf dem Friedhof besucht. Geblieben sind Erinnerungen an glückliche Stunden und Tage.

Hirschbrunft in der Steiermark

Welcher Jäger träumt nicht davon, zumindest einmal im Leben eine richtige Hirschbrunft mit zu erleben und möglicherweise auch einen Geweihten zu erlegen. Nicht allen ist es vergönnt. Mein langjähriger Freund Edwin Röder, der einstmals so etwas wie eine zweite Heimat in der Steiermark gefunden hatte, hat mir in seinem großen Bekanntenkreis eine solche Möglichkeit beschafft, ohne dass ich darum gebeten hatte. Er hat es geahnt und ist mit seinem Vorschlag im Jahre 1989 auf mich zu gekommen, den ich gerne angenommen habe. Nach einer geschäftlichen Rundfahrt durch Süddeutschland in Gröbming angekommen, lernte ich den Berufsjäger Ludwig Pichler kennen, der mich auf einen Brunfthirsch im kleinen Sölktal führen sollte.

Zusätzlich war ein Italienischer Jäger, ebenfalls ein Freund von Edwin Röder geladen. So sind wir, nach umfangreichen Vorbereitungen, der Italo-Jäger und ich, jeder mit seinem Führer, von einem Jagdhaus aus morgens um vier Uhr bei völliger Dunkelheit los gepirscht, jeder zu seinem Ansitz. Auf unserer Kanzel angekommen harrten wir der Dinge, die sich da auf dem freien Hang vor uns abspielen würden. Rundum war das Orgeln der röhrenden Hirsche zu vernehmen. Vom gegenüber liegenden Berghang klangen tiefe, mächtige Stimmen und bisweilen hörte man das Schlagen der gegeneinander donnernden Geweihe. Immer wieder erklangen auch die etwas höheren Stimmen schwächerer Hirsch dazwischen, sodass wir Zeugen eines gespenstigen Konzertes wurden.

Ich trauere um

Edwin Röder

Erinnerungen an viele gemeinsame, glückliche Stunden
sind Balsam für die Seele und vor allem
das Kapital, das uns keiner nehmen kann.
Ohne dein Dazutun wäre mein Leben ärmer verlaufen.

Danke Edwin! Dein Freund H.P. Langlotz

Wächtersbach, im Dezember 2018

Edwin Röder

Mein Jagdführer Ludwig, ein erfahrener Kenner dieses Reviers, erkannte fast jeden einzelnen Hirsch an der Stimme. Gerade als erstes Büchsenlicht aufkam, verstummte das Ganze, ein heftiger Wind kam auf und ein mit Eiskristallen gespickter Schneesturm brauste über uns hinweg. Ludwig meinte noch, dass bei alsbald nachlassendem Sturm sicher das Wild austreten würde und wir jetzt gute Chancen hätten. Da knackte es hinter uns und der Italiener mit seinem Führer kamen daher, und sie hatten durch ihre Störung unseren Ansitz gründlich verdorben. Beim Einkehren in einer tiefer gelegenen Almhütte saß nun der Italo-Jäger zitternd am blubbernden Herd schlürfte einen Tee und versicherte uns, dass er nie wieder in seinem Leben auf so einen Berg steigen würde.

Das kleine Unwetter war wohl etwas zu viel für seine sonnenverwöhnte, südländische Natur. Derweil haben Ludwig und ich bei einem Weizenbier unsere Brotzeit genossen. Nach erneuter Nächtigung im Jagdhaus hat er am nächsten Tag die Heimreise angetreten, während Ludwig und ich wieder aufgestiegen sind. Bei leichtem Frost und etwas Neuschnee haben wir unter sternklarem Himmel die Höhe erreicht, um auf den Tag zu warten. Durchgeschwitzt wurden aus dem Rucksack die Kleider gewechselt. Hinter einem umliegenden Baumriesen wurde im Schnee eine Sitzgelegenheit hergerichtet und zunächst die traumhafte Fernsicht über die Berge genossen. Welch ein Anblick, und das bei Orgelmusik, die noch immer vom Berghang gegenüber erklang.

Oberjäger Ludwig Pichler

Es dauerte nicht lange, da erschien ein kleines Rudel Kahlwild und dahinter ein Achter Hirsch, der mir spontan frei gegeben wurde. Mein erster und bis heute einziger Brunfthirsch, ja Rothirsch überhaupt. Es ist keine starke Trophäe aber ich bin glücklich damit und beim Anblick an der Wand kommen traumhafte Erinnerungen wieder hoch. Hubertus sei Dank! Auch der anschließende Umtrunk bei Herta in Gröbming mit Edwin und seinen Freunden wird mir unvergesslich bleiben. Ich wurde zum Steirischen Hirschjäger geschlagen. Eine Zeremonie mit langer Tradition hatte mich in die Steirische Jägerschaft aufgenommen. Nicht die Stärke der Jagdtrophäe ist es. Glücklich sein kommt von Zufriedenheit nicht von **noch** stärker, **noch** größer **noch** mehr, **noch und noch** !

Mein Lebenskeiler

Seit Monaten, eigentlich schon seit Jahren hatte ich immer wieder von Zeit zu Zeit eine einzelne, starke Saufährte ausmachen können. In meinem kleinen Waldrevier, das leider einige Kilometer lang von einer stark befahrenen Bundesstraße tangiert wird, kam damals Schwarzwild nur sporadisch als Wechselwild vor. Wie freut es dann doch einen Jäger, bisweilen einen solchen Besuch zu haben. Weckt es doch stets von neuem die Hoffnung, vielleicht doch irgendwann einmal Waidmannsheil auf so einen Urian zu haben, denn ein solcher schien es zu sein. Ich saß wieder einmal, es war zur Rehbockzeit Ende Mai, morgens früh auf einer meiner Lieblingskanzeln an. Vor mir eine mit weißem Klee bewachsene Schneise, links und rechts davon Fichtendickung. Es war bereits hell geworden, als etwas weiter entfernt Rehwild schreckte. — Ein Wanderer oder sonstiger früher Naturfreund? Da jagte auch schon links von mir über eine kleine schüttere Kulturfläche Rehwild hochflüchtig dahin und verschwand in der angrenzenden Dickung. - Nun sah ich auch den Grund der Aufregung: Durchs hohe Gras kam in leichtem Troll eine starke Sau daher, ganz und gar nicht eilig, so als wollte sie mir kund tun: „Ich genieße meine Schonzeit, jetzt kann mir keiner etwas antun." Weiß blitzte es im Gebrech, —- ein Keiler! Der Rehbock-Sommer und auch der Herbst vergingen, es folgte ein Winter, der keiner war, wie schon im Jahr vorher. Dann folgte für uns Jäger, Förster und Waldbesitzer die große Jahrhundertkatastophe.

Die Frühjahrs-Stürme mit zuletzt Wibke in der Nacht vom 28. Februar zum 1.März 1990. Schreckliche Verwüstungen hatten ca. einhundert Hektar Wald in ein Trümmerfeld verwandelt und viele Monate waren nötig, um das Ganze wieder in Ordnung zu bringen. Der Schaden war unermesslich. Wo aber viel Schatten ist, ist aber wie immer auf der anderen Seite viel Licht. Die meisten Wege waren unpassierbar geworden und selbst der tapferste Naturfreund hatte keine Lust, eine Waldspaziergang zu machen. Es war ruhig geworden im Wald und das Wild hatte seine Ruhe wie selten zuvor. Anfang Dezember kam eine Neue, Schnee war gefallen und der weiße Spürhund zeigte allerlei Fährten und Spuren. Zu meiner großen Freude erkannte ich auch wieder die starke Saufährte.— - In schier undurchdringlichem Windbruchgehölz war sie in der Regel verschwunden. Zu meinem Glück waren fast alle Kanzeln, die nach einem Muster von Oberförster Helmut Imhof von Haumeister Erich Reutzel erbaut worden waren stehen geblieben. Auf so eine kleine Kanzel setzte ich mich mit Ansitzsack und dicker Kleidung bei Schnee und Frost Ende Dezember an. Nach einer knappen, halben Stunde es war noch taghell, knackte es vor mir und ich staunte nicht schlecht, als ich im Windbruchgewirr den borstigen Rücken eines Schwarzkittels mit hoch aufgestelltem Pürzel dahingleiten sah. Schon war sie wieder im Gewirr verschwunden. Jetzt kam eine Senke, wenn sie die Richtung hiert, musste sie kurz vor der Dickung über eine kleine freie Fläche kommen. Den Drilling im Anschlag wartete ich auf ihr Erscheinen. Und sie kam, verhoffte mit dem Blatt genau hinter einer stehen gebliebenen Buche, jetzt eingestochen —- sie trat einen Schritt nach vorn, zeigte ihr Blatt, und BAUTZ war der Schuss draußen. Das 12,7 g TM aus meinem 8x57 IRS- Drilling hatte den Lauf verlassen. Die Sau zuckte zusammen, trollte dann gar nicht eilig weiter, zunächst an der Dickung entlang, um darin zu verschwinden. Dennoch hatte die Zeit zum Nachladen nicht genügt, ich wartete eine viertel Stunde, baumte ab, versuchte zu der Stelle vorzudringen, an der der Anschuss sein musste. Mit mühevoller Klettertour durch das Bruchgewirr fand ich die Fährten-Eingriffe, aber weder Schweiß noch Schnitthaare, trotz hellem Schnee, einfach nichts. Jeder Jäger weiß, wie das Stimmungsbarometer in solch einer Situation sinkt. Hatte ich vorbeigeschossen? Er hatte doch deutlich gezeichnet! Es dämmerte und ich brach die Suche ab. Es folgte eine unruhige Nacht. Am nächsten Morgen war ich zur Stelle. Mit Drilling und meinem treuen Hund Wastl am langen Riemen ging es zur Fährte. Wastl war nicht zu bremsen und zog mich auf dem Bauch durch den hohen Schnee in die Dickung. Nach ca. 100 Metern standen wir vor dem längst verendeten Keiler. Da lag er nun, mein Lebenskeiler auf dem Einschuss, einen Ausschuss suchte ich vergebens, und zeigte mir sein Gewaff (19 bzw. 19,5 cm). Ich reichte ihm den letzten Bissen und hielt ihm die Totenwache. Für die Bergung holte ich mir im Dorf Hilfe und danach folgte im Fuchsbau eine lange Nacht. Nach 27 Jägerjahren war ein Wunschtraum in Erfüllung gegangen.- Danke St. Hubertus!

Der Keiler vom Wolfhain

Inhaltsverzeichnis

ISBN 978-3-88654-004-4
Best. Nr. 878.004

Erschienen im Verlag Wort im Bild, 2019

Zeichnungen: Axel Fahl

Fotos: Ludwig Cerny, Matthias Metka
H. P. Langlotz

Gestaltung: Christian Trebing

Druck+Herstellung: Wort im Bild, Altenstadt/Hessen